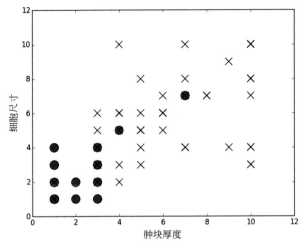

图 1-2 良/恶性乳腺癌肿瘤测试集数据分布

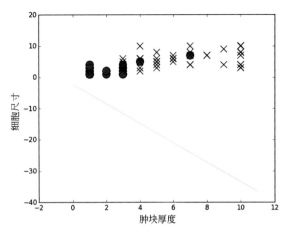

图 1-3 随机参数下的二类分类器(黄色直线)

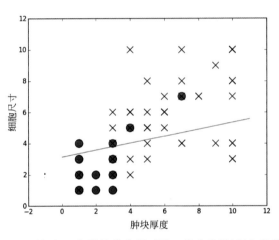

图 1-4 使用 10 条训练样本得到的二类分类器(绿色直线)

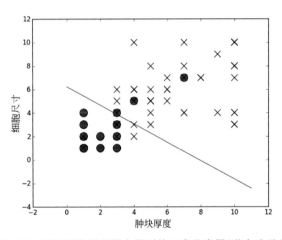

图 1-5 使用所有训练样本得到的二类分类器(蓝色直线)

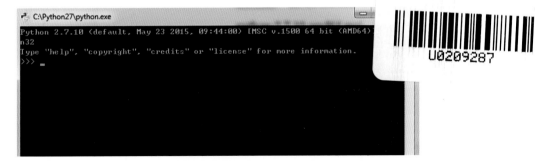

图 1-7 Python 解释器 Windows 运行界面

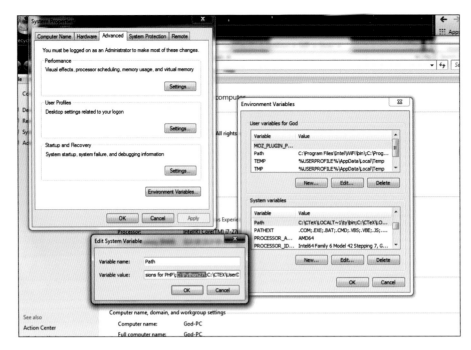

图 1-8　Windows 操作系统下 Python 环境变量配置

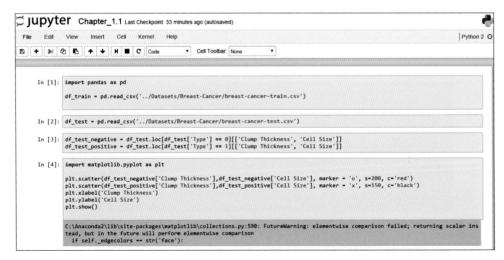

图 1-9　Windows 操作系统下 Python IDLE 运行界面

图 1-10　IPython 解释器界面

```
172-16-239-4:Miao_Fan jieleizhu$ python
Python 2.7.10 (default, Oct 23 2015, 18:05:06)
[GCC 4.2.1 Compatible Apple LLVM 7.0.0 (clang-700.0.59.5)] on darwin
Type "help", "copyright", "credits" or "license" for more information.
>>> exit()
172-16-239-4:Miao_Fan jieleizhu$ curl https://bootstrap.pypa.io/get-pip.py > get-pip.py
  % Total    % Received % Xferd  Average Speed   Time    Time     Time  Current
                                 Dload  Upload   Total   Spent    Left  Speed
100 1476k  100 1476k    0     0  1535k      0 --:--:-- --:--:-- --:--:-- 1534k
172-16-239-4:Miao_Fan jieleizhu$ sudo python get-pip.py

WARNING: Improper use of the sudo command could lead to data loss
or the deletion of important system files. Please double-check your
typing when using sudo. Type "man sudo" for more information.

To proceed, enter your password, or type Ctrl-C to abort.

Password:
The directory '/Users/jieleizhu/Library/Caches/pip/http' or its parent directory is not o
wner of that directory. If executing pip with sudo, you may want sudo's -H flag.
The directory '/Users/jieleizhu/Library/Caches/pip' or its parent directory is not owned
 that directory. If executing pip with sudo, you may want sudo's -H flag.
Collecting pip
  Downloading pip-8.0.0-py2.py3-none-any.whl (1.2MB)
    100% |████████████████████████████████| 1.2MB 369kB/s
Collecting wheel
  Downloading wheel-0.26.0-py2.py3-none-any.whl (63kB)
    100% |████████████████████████████████| 65kB 6.0MB/s
Installing collected packages: pip, wheel
Successfully installed pip-8.0.0 wheel-0.26.0
```

图 1-13　Mac OS 下 pip 安装步骤

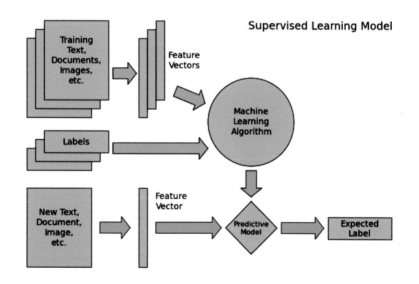

图 2-1　监督学习基本架构和流程

		True condition		
	Total population	Condition positive	Condition negative	Prevalence $= \dfrac{\Sigma \text{ Condition positive}}{\Sigma \text{ Total population}}$
Predicted condition	Predicted condition positive	True positive	False positive (Type I error)	Positive predictive value (PPV), Precision $= \dfrac{\Sigma \text{ True positive}}{\Sigma \text{ Test outcome positive}}$
	Predicted condition negative	False negative (Type II error)	True negative	False omission rate (FOR) $= \dfrac{\Sigma \text{ False negative}}{\Sigma \text{ Test outcome negative}}$
	Accuracy (ACC) = $\dfrac{\Sigma \text{ True positive} + \Sigma \text{ True negative}}{\Sigma \text{ Total population}}$	True positive rate (TPR), Sensitivity, Recall $= \dfrac{\Sigma \text{ True positive}}{\Sigma \text{ Condition positive}}$	False positive rate (FPR), Fall-out $= \dfrac{\Sigma \text{ False positive}}{\Sigma \text{ Condition negative}}$	Positive likelihood ratio (LR+) $= \dfrac{\text{TPR}}{\text{FPR}}$
		False negative rate (FNR), Miss rate $= \dfrac{\Sigma \text{ False negative}}{\Sigma \text{ Condition positive}}$	True negative rate (TNR), Specificity (SPC) $= \dfrac{\Sigma \text{ True negative}}{\Sigma \text{ Condition negative}}$	Negative likelihood ratio (LR−) $= \dfrac{\text{FNR}}{\text{TNR}}$

图 2-4 混淆矩阵示例

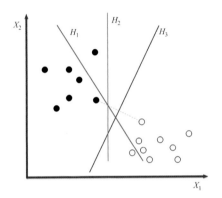

图 2-5 包括支持向量机分类器在内的多种分类直线

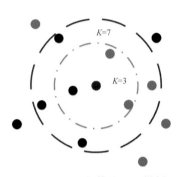

图 2-6 K 近邻算法展示样例

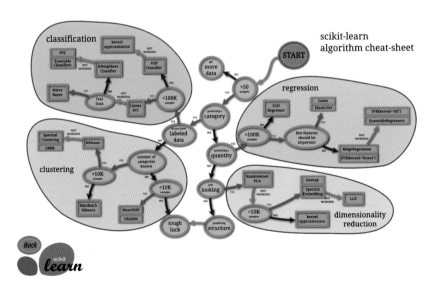

图 2-8 Scikit-learn 工具包模型使用建议（图片来源于 http://scikit-learn.org/stable/tutorial/machine_learning_map/index.html）

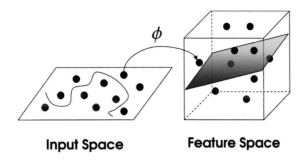

图 2-9 利用核函数 φ 将线性不可分的低维输入，映射到高维可分的新特征空间，图片摘自于互联网

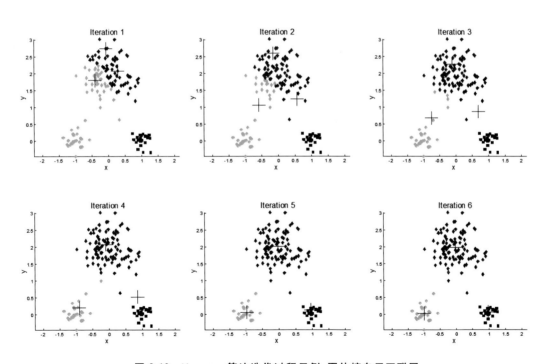

图 2-10 K-means 算法迭代过程示例，图片摘自于互联网

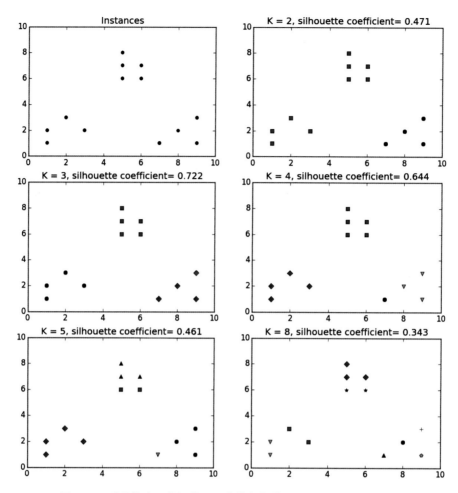

图 2-11 利用轮廓系数评价不同类簇数量的 K-means 聚类结果示例

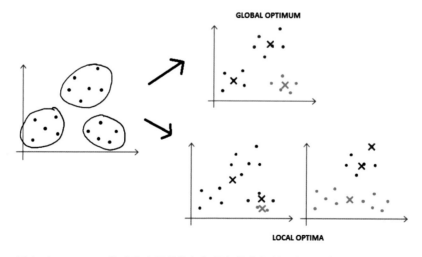

图 2-13 K-means 算法选全局最优解与局部最优解的比较，图片摘自于互联网

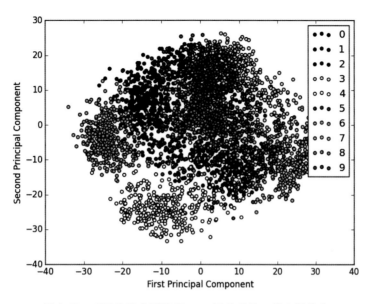

图 2-17 手写体数字图像经 PCA 压缩后的二维空间分布

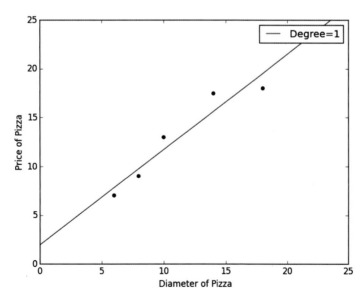

图 3-2 线性回归模型在比萨训练样本上的拟合情况

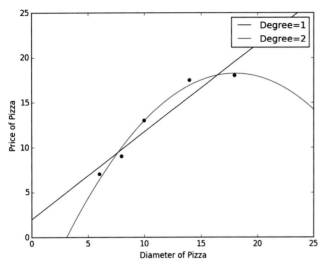

图 3-3　2 次多项式回归与线性回归模型在比萨训练样本上的拟合情况比较

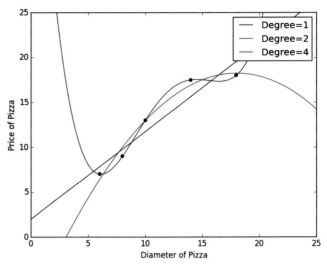

图 3-4　4 次多项式回归与其他模型在比萨训练样本上的拟合情况比较

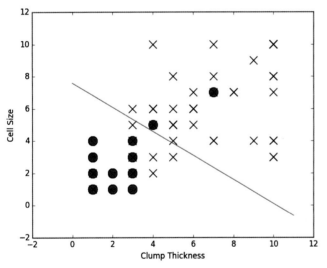

图 3-8　使用 Tensorflow 自定义一个线性分类器在"良/恶性乳腺癌肿瘤"数据上学习到的二分类直线

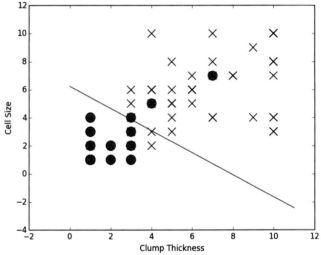

图 3-9　使用 Scikit-learn 的 LogisticRegression 模型训练得到的二分类直线

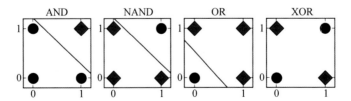

图 3-13　使用感知机区分并(AND)、与非(NAND)、或(OR)以及异或(XOR)运算所产生的数据，图片摘自[8]

中国高校创意创新创业教育系列丛书

Python 机器学习及实践

——从零开始通往Kaggle竞赛之路

范淼 李超 编著

清华大学出版社
北京

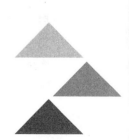

内容简介

本书面向所有对机器学习与数据挖掘的实践及竞赛感兴趣的读者,从零开始,以 Python 编程语言为基础,在不涉及大量数学模型与复杂编程知识的前提下,逐步带领读者熟悉并且掌握当下最流行的机器学习、数据挖掘与自然语言处理工具,如 Scikit-learn、NLTK、Pandas、gensim、XGBoost、Google Tensorflow 等。

全书共分 4 章。第 1 章简介篇,介绍机器学习概念与 Python 编程知识;第 2 章基础篇,讲述如何使用 Scikit-learn 作为基础机器学习工具;第 3 章进阶篇,涉及怎样借助高级技术或者模型进一步提升既有机器学习系统的性能;第 4 章竞赛篇,以 Kaggle 平台为对象,帮助读者一步步使用本书介绍过的模型和技巧,完成三项具有代表性的竞赛任务。

本书封面贴有清华大学出版社防伪标签,无标签者不得销售。
版权所有,侵权必究。举报: 010-62782989,beiqinquan@tup.tsinghua.edu.cn。

图书在版编目(CIP)数据

Python 机器学习及实践——从零开始通往 Kaggle 竞赛之路/范淼,李超编著. --北京: 清华大学出版社,2016
(2021.9重印)
(中国高校创意创新创业教育系列丛书)
ISBN 978-7-302-44287-5

Ⅰ. ①P… Ⅱ. ①范… ②李… Ⅲ. ①软件工具-程序设计 Ⅳ. ①TP311.56

中国版本图书馆 CIP 数据核字(2016)第 164306 号

责任编辑: 谢 琛
封面设计: 常雪影
责任校对: 李建庄
责任印制: 丛怀宇

出版发行: 清华大学出版社
网　址: http://www.tup.com.cn, http://www.wqbook.com
地　址: 北京清华大学学研大厦 A 座
邮　编: 100084
社 总 机: 010-62770175
邮　购: 010-83470235
投稿与读者服务: 010-62776969, c-service@tup.tsinghua.edu.cn
质量反馈: 010-62772015, zhiliang@tup.tsinghua.edu.cn
课件下载: http://www.tup.com.cn, 010-83470236

印 装 者: 三河市铭诚印务有限公司
经　销: 全国新华书店
开　本: 210mm×235mm　印　张: 12.5　彩　插: 4　字　数: 274 千字
版　次: 2016 年 10 月第 1 版　印　次: 2021 年 9 月第 12 次印刷
定　价: 49.00 元

产品编号: 069392-02

编委会名单

丛书总顾问
顾国彪　中国工程院院士，中国科学院电工研究所研究员、博士生导师

丛书顾问（按姓名拼音排序）
陈雪涛　麟玺创业投资管理有限公司总裁、北京创客空间科技有限公司副董事长
党德鹏　北京师范大学计算机系系主任，信息学院教授、博士生导师
黄　英　中关村科技园区海淀园管理委员会副主任、新闻发言人
李　超　清华大学信研院 Web 与软件研究中心副主任、副研究员
李　涛　Geek2Startup 联合创始人、曾任 CSDN 移动业务拓展总监
李卫平　知金教育咨询有限公司总裁、北京理工大学兼职教授、2016 中国互联网教育
　　　　领军人物
刘峰峰　富士康工业工程学院华北分院院长、富士康廊坊厂区制造负责人
龙　林　亚都北京科技有限公司总裁
沈　拓　清华大学 x-lab 未来生活中心创始人、互联网＋研究院创始人
苏　菂　车库咖啡创始人、U＋联合创始人
陶　锋　清华大学 x-lab 互联网与信息技术创新中心执行主管兼培育顾问
滕桂法　河北省高等院校计算机教育研究会理事长
宋述强　《现代教育技术》杂志副主编、清华大学创客教育实验室 Co-director
宋跃武　创新知识体系创始人、海淀区创业园企业家训练营总裁实战导师
王　津　可穿戴计算产业联盟云计算大数据负责人、中民社会捐助发展中心副主任
王丽华　北京航空航天大学软件学院副院长、教授
王卫宁　中国人工智能学会秘书长
王　霞　清华大数据产业联合会秘书长
文　辉　清华阳光科技有限公司总裁
向　东　清华大学机械工程系副教授、博士生导师，中国绿色制造技术标准化技术委
　　　　员会委员兼副秘书长，中国机械制造工艺协会常务理事

谢　琛	清华大学出版社资深策划人
谢将相	易创互联创始人、易创学院创始人
邢春晓	清华大学信研院副院长、教授、博士生导师
熊　斌	中国科学院电工研究所蒸发冷却技术研究发展中心副研究员
胥克谦	中国教育技术协会教育游戏专业委员会常务理事、皮影客创始人
杨士强	清华大学计算机系教授、博士生导师
张有明	顶你学堂创始人、中国高科股份有限公司教育事业部副总经理
赵　龙	创业沙拉联合创始人
赵　鑫	精一天使公社合伙人
郑　莉	清华大学计算机系教授、教育部教育信息化技术标准委员会专家兼秘书长
祝智庭	华东师范大学终身教授、教育技术学博士生导师

出版说明

在产业升级急需、区域发展呼吁、国家政策引导、社会舆论支持、成功者亲身鼓励等多方的推动下,"大众创新、万众创业"已成为一股年轻人普遍关注和参与的热潮。"大众创业、万众创新"作为创新驱动发展战略的最主要实施方案,有效改善了我国就业困难、行业升级效率低下等局面。

变化、颠覆、创新早已成为我们这个时代的主旋律,这是我们酝酿这套丛书的背景。

创新的关键在于人才培养。2015年11月底,教育部下发了《教育部关于做好2016届全国普通高等学校毕业生就业创业工作的通知》,通知规定,从2016年起所有高校都要设置创意创新创业教育课程,对全体学生开发开设创意创新创业教育(以下简称三创教育)必修课和选修课,并纳入学分管理。对有创业意愿的学生,开设创业指导及实训类课程,对已经开展创业实践的学生,开展企业经营管理类培训。各地各高校要配齐配强创意创新创业教育专职教师,建立以课堂教学为主渠道,讲座、论坛、培训为补充的多形式就业指导课程体系。

强调突破和实践的三创教育正式成为国家创新驱动战略及人才培养计划的重要组成部分,这是我们策划这套丛书的契机。

中关村汇聚了中国最顶级高校,无论是知识、技术、人才的优质及密集程度,还是知识性企业、企业专利、创业项目及创业服务机构的数量及质量,均处于全国领先的地位;可以说,中关村早已积累了深厚的创新文化和实践经验。而北京市海淀区的各个高校,也近水楼台,在师资和课程、学业评价、校企合作等多个维度对创意创新创业教育已经展开了有益的探索和尝试。这是这套丛书诞生和成长的土壤。

于是,我们立足于中关村的知识资源和创业实践,整合多方资源,广邀优质活跃的创业导师、三创组织、孵化器等,和教育出版机构,成立了"中关村融智三创丛书工作室",希望通过非盈利机构的形式,助力高校需求驱动型人才培养。我们计划创造性地撰写一套通识性的三创丛书,以跨学科的主题学习和任务驱动形式,跨专业地服务于三创起航教育,并将同步策划基于互联网和社交媒体的一体化新型教学模式及资源服务,我们诚挚希望创意创新创业教育能在中国生长出内生力量,真正形成气候,实现繁荣,实现创新驱动。

丛书遵循教学与创业的规律进展,从有意启发学生创意及创新思维开始,引导高校学生思考为什么要创意创新创业、"我"适合什么样的行业及发展道路,直至给出具体的创业方法论及实战指导。因此,丛书将首先策划和编写涉及三创方面的用于实现创意、支撑创新的实用前沿技术类和技能类书籍,为三创教育夯实"硬实力"。在由浅入深组织丛书撰写的同时,考虑到各个领域专业化门槛较高,市场需求、政策导向、学校师资力度不一,我们同时还兼顾了不同行业的特点,力争覆盖新兴行业及国家重点发展的领域,如互联网、新能源、汽车等。

此外,丛书还将策划另外两大类书籍:一类将涵盖创业启程相关的商业模式设计、产品营销、团队创建与维持、投融资、产品运营管理、法规遵从、知识产权策略、沟通与表达等众多技术和技能之外的方面,即服务于三创的"软实力";另一类还将从国际国内一流高校、创客空间、孵化器及知名产业园区的创意、创新、创业及投资经历中筛选出众多生动鲜活的经典案例,提供综合全面的"好案例"。

本套丛书具有开放性强、通识全面、面向实践、行业案例新鲜丰富的特点。正如它所服务的主题,这套丛书本身就是一个三创教育的探索。翻开顾问名单会发现,顾问中既有德高望重的院士,也有富有产业园区建设经验的官员,既有创业成功的企业家,还有不断探索三创教育的学者——我们希望这套丛书成为教育家、研究者、企业家、投资方、创业者等多方合作的载体,营造一个充满活力、良性互动、可持续发展的教育生态系统,全方位地为高校教师、学生、创客空间、创新创业团队提供权威性、高品质的三创教育服务;我们也希望这套丛书的出版,不仅能够填补全国2800余所高等院校所面临的急迫巨大的教材缺口,更能为高校创新创业教育体系的建立和完善、创业实践指导、产学研转化等略尽绵薄之力。

最后,感谢海淀园管委会和清华大学出版社的领导们,他们在本套丛书的策划、撰写、编辑出版的过程中提供了大量帮助。由于创意创新创业主题宏大,瞬息万变,本套丛书难免存在疏漏不足,有待今后进一步补充和完善,恳请读者批评指正。如有读者愿意分享更精彩的理念或案例,也欢迎联系。

中关村融智三创丛书工作室
2016年9月

推荐语[1]

过去近二十年,计算机科学的发展是被大量的数据推动的。海量数据提供了认识世界的新视角,同时也带来了分析和理解数据的巨大挑战。如何从数据中获得知识,并利用这些知识帮助设计和创造更满足用户需求的产品,希望将来自新的人工智能算法。大数据的核心思想体现在整个工业流程中从决策到执行数据的重要性,其重要性的发挥依赖于现代计算方法——机器学习。机器学习可以利用数据做很多决策,这些在统计意义上都是好的决策,比如要不要把这首歌推荐给那个用户。更惊奇的是当数据足够大,计算能力足够强,机器也可以学得比人更好。清华大学范淼和李超的新著《Python 机器学习及实践》很契合实际,从零开始介绍简单的 Python 语法以及如何用 Python 语言来构建机器学习的模型。每一个章节环环相扣,配合代码样例,非常适合希望了解机器学习领域的初学者,甚至没有编程基础的学生。大数据要求机器学习应该更普及,而普及的途径则是降低相关工具的使用难度。希望看到这本新书能推动机器学习的普及。

——今日头条实验室科学家,前百度美国深度学习实验室少帅科学家 李磊

这是一本面向机器学习实践并且具有很强实用性的好书。每个章节,在简要介绍一种机器学习模型的基础上,结合具体的例子,给出了详细的 Python 程序的编程方法,有利于读者对机器学习方法细节的掌握。跟随本书,读者将一步步跨入机器学习的殿堂,掌握用机器学习方法求解实际问题的技能。本书适合于想使用机器学习方法求解实际问题的博士生、硕士生、高年级本科生,以及在企业工作的工程技术人员阅读,是一本快速掌握机器学习方法求解实际问题的入门读物,相信读者将从本书中获益匪浅。

——清华大学计算机系教授 马少平

---

[1] 按照推荐人的姓名拼音排序。

机器学习是专门研究计算机怎样模拟或实现人类的学习行为，以获取新的知识或技能，重新组织已有的知识结构使之不断改善自身性能的一门学科，也是当前科研机构及企业开展应用研究的热点之一。随着"互联网+"概念在中国的提出，科研及工程技术人员迫切需要将机器学习技术与互联网技术结合起来，把互联网与机器学习技术应用到人类生活中。但机器学习作为一门技术，具有一定的门槛，如何提供一本通俗易懂、快速入门的技术书籍，让在职科技人员及在校学生能够尽快熟悉机器学习的内容，理解机器学习的含义及本质，是需要尽快解决的问题。

本书前两部分采用通俗的语言，借助于现实生活的例子及开源库包，介绍了机器学习的基本概念及开源库包的安装、使用和编程调用方法，通过实例展现了使用经典算法模型的分析过程及思考问题的方法。第三及第四部分介绍了在解决实际问题时如何通过抽取或者筛选数据特征、优化模型配置，进一步提升经典模型的性能表现，从而达到能够将机器学习的经典算法应用到解决现实问题的目的。

尽管目前市场上关于机器学习的书籍很多，但很少具有能够将开发语言及机器学习理论紧密结合，利用开源技术，采用类似"实训"方式进行实践教学的书籍。而本书的作者根据自己的学习经历及学习过程的体会，把自己的学习经验充分融入书本之中，采用由浅入深的方法，结合机器学习的内容，把算法学习的每一步都给读者以详细展现，减少了学生的学习难度，加快了学生学习的进度，是一本适合在校学生及工程技术人员在机器学习方面快速入门的指导书。

——北京邮电大学软件学院教授，教研中心主任　吴国仕

人工智能的发展日新月异，机器学习的应用如火如荼。在这个变革的时代，大众特别需要一本既能帮助读者理解机器学习理论，又能让人快速上手实践的入门级图书。这是一本侧重于 Python 机器学习具体实践与实战的入门级好书。不同于多数专业性的书籍，该书拥有更低的阅读门槛。即便不是计算机科学技术专业出身的读者，也可以跟随本书借助基本的 Python 编程，快速上手最新并且最有效的机器学习模型。作为在一线从事机器学习理论与技术的研发人员，该书的作者整合了当下数据科学所使用的最为流行的资源，如 Scikit-learn、Pandas、XGBoost 和 Tensorflow 等，一步步带领读者从零基础快速成长为一位能够独立分析数据并且参与机器学习竞赛的兴趣爱好者。同时，这本书的作者记录下大量在机器学习实践过程中的心得体会。全书深入浅出，让人在实践中获得知识。

——香港科技大学计算机与工程系讲座教授，系主任，IEEE,AAAI Fellow,
国际人工智能协会（IJCAI，AAAI）常务理事，中国人工智能协会副理事，
ACM KDD China ACM 数据挖掘委员会 中国分会主席　杨强

机器学习的每一次进步带动了很多学科的大力发展。这是一本由在读博士生撰写，侧重于 Python 机器学习具体实践和实战的入门级教科书。不同于多数专业书籍，该书的作者从初学者的视角，一步步带领读者从零基础快速成长为一位能够独立进行数据分析并且参与机器学习竞赛的兴趣爱好者。全书深入浅出，特别是有意了解机器学习，又不想被复杂的数学理论困扰的读者，可会从此书中获益。

——苏州大学计算机科学与技术学院副院长，人类语言技术研究所所长，特聘教授，国家杰出青年科学基金获得者　张民

不同于多数专业性的书籍，该书拥有更低的阅读门槛。即便不是计算机科学技术专业出身的读者，也可以跟随本书借助 Python 编程快速上手最新并且最有效的机器学习模型。如果说机器学习会主导信息产业的下一波浪潮，那么在这波浪潮来临之前，我们是否有必要对其一窥究竟。我很高兴看到有这样一本零基础实战的好书服务广大读者，为普及这一潮流尽绵薄之力。就像过去几十年间我们不懈普及计算机与互联网一样，人工智能，特别是机器学习的核心思想也应该走出象牙塔，拥抱普罗大众，尽可能让更多的兴趣爱好者参与到实践当中。

——清华大学语音和语言技术中心主任，教授　郑方

这是一本讲解利用 Python 进行机器学习实战的入门级好书。该书带领刚入门的读者，从零开始，一步步学习数据分析并掌握机器学习竞赛技能。如果你想学习机器学习方法又不想被复杂的数学理论所困扰，相信你会从本书中获益。该书适合于从事机器学习研究和应用的在校生和科研工作者。

——微软研究院首席研究员，自然语言处理资深专家　周明

前 言

致广大读者：

欢迎各位购买和阅读《Python 机器学习及实践》！

本书的编写旨在帮助大量对机器学习和数据挖掘应用感兴趣的读者朋友，整合并实践时下最流行的基于 Python 语言的程序库，如 Scikit-learn、Pandas、NLTK、gensim、XGBoost、Tensorflow 等；针对现实中的科研问题，甚至是 Kaggle 竞赛（当前世界最流行的机器学习竞赛平台）中的分析任务，快速搭建有效的机器学习系统。

读者在阅读了几个章节之后，就会发现这本书的特别之处。作者力求减少读者对编程技能和数学知识的过分依赖，进而降低理解本书与实践机器学习模型的门槛；并试图让更多的兴趣爱好者体会到使用经典模型，乃至更加高效的方法解决实际问题的乐趣。同时，作者对书中每一处的关键术语都提供了标准的英文表述，也方便读者快速查阅和理解相关的英文文献。

由于本书不涉及对大量数学模型和复杂编程知识的讲解，因此受众非常广泛。这其中就包括：在互联网、IT 相关领域从事机器学习和数据挖掘相关任务的研发人员；于高校就读的博士、硕士研究生，甚至是对计算机编程有初步了解的本科生；以及对机器学习与数据挖掘竞赛感兴趣的计算机业余爱好者等。

感激父母长久以来对我的关爱。也非常感谢我在清华大学和纽约大学的导师们：郑方、周强以及 Ralph Grishman 教授，对于我利用业余时间编写本书的理解和支持。特别致谢纽约大学的 Emma Zhu 同学，在我写书期间所给予计算设备的帮助。最后，感谢中国国家留学基金委为本人在美国留学期间所提供的生活资助。

最后，衷心地希望各位读者朋友能够从本书获益，同时这也是对我最大的鼓励和支持。全书代码下载地址为：http://pan.baidu.com/s/1bGp15G。对于书中的错误，欢迎大家批评指正，并发送至电邮：fanmiao.cslt.thu@gmail.com。我们会在本书的勘误网站

https://coding.net/u/fanmiao_thu/p/Python_ML_and_Kaggle/topic 上记录下您的重要贡献。

写于美国纽约中央公园
2015 年 12 月 25 日

目录

●第1章 简介篇 ·· 1

- 1.1 机器学习综述 ·· 1
  - 1.1.1 任务 ··· 3
  - 1.1.2 经验 ··· 5
  - 1.1.3 性能 ··· 5
- 1.2 Python 编程库 ·· 8
  - 1.2.1 为什么使用 Python ·· 8
  - 1.2.2 Python 机器学习的优势 ·· 9
  - 1.2.3 NumPy & SciPy ·· 10
  - 1.2.4 Matplotlib ·· 11
  - 1.2.5 Scikit-learn ··· 11
  - 1.2.6 Pandas ··· 11
  - 1.2.7 Anaconda ··· 12
- 1.3 Python 环境配置 ··· 12
  - 1.3.1 Windows 系统环境 ·· 12
  - 1.3.2 Mac OS 系统环境 ··· 17
- 1.4 Python 编程基础 ··· 18
  - 1.4.1 Python 基本语法 ·· 19
  - 1.4.2 Python 数据类型 ·· 20
  - 1.4.3 Python 数据运算 ·· 22
  - 1.4.4 Python 流程控制 ·· 26
  - 1.4.5 Python 函数(模块)设计 ·· 28
  - 1.4.6 Python 编程库(包)的导入 ··· 29
  - 1.4.7 Python 基础综合实践 ·· 30
- 1.5 章末小结 ··· 33

- 第 2 章　基础篇 ………………………………………………………………… 34
  - 2.1　监督学习经典模型 ………………………………………………………… 34
    - 2.1.1　分类学习 ………………………………………………………………… 35
    - 2.1.2　回归预测 ………………………………………………………………… 64
  - 2.2　无监督学习经典模型 ……………………………………………………… 81
    - 2.2.1　数据聚类 ………………………………………………………………… 81
    - 2.2.2　特征降维 ………………………………………………………………… 91
  - 2.3　章末小结 …………………………………………………………………… 97

- 第 3 章　进阶篇 ………………………………………………………………… 98
  - 3.1　模型实用技巧 ……………………………………………………………… 98
    - 3.1.1　特征提升 ………………………………………………………………… 99
    - 3.1.2　模型正则化 ……………………………………………………………… 111
    - 3.1.3　模型检验 ………………………………………………………………… 121
    - 3.1.4　超参数搜索 ……………………………………………………………… 122
  - 3.2　流行库/模型实践 ………………………………………………………… 129
    - 3.2.1　自然语言处理包（NLTK） ……………………………………………… 131
    - 3.2.2　词向量（Word2Vec）技术 ……………………………………………… 133
    - 3.2.3　XGBoost 模型 …………………………………………………………… 138
    - 3.2.4　Tensorflow 框架 ………………………………………………………… 140
  - 3.3　章末小结 …………………………………………………………………… 152

- 第 4 章　实战篇 ………………………………………………………………… 153
  - 4.1　Kaggle 平台简介 …………………………………………………………… 153
  - 4.2　Titanic 罹难乘客预测 ……………………………………………………… 157
  - 4.3　IMDB 影评得分估计 ……………………………………………………… 165
  - 4.4　MNIST 手写体数字图片识别 …………………………………………… 174
  - 4.5　章末小结 …………………………………………………………………… 180

- 后记 ……………………………………………………………………………… 181

- 参考文献 ………………………………………………………………………… 182

第 1 章

简 介 篇

本章介绍机器学习的基本理论和必要的编程准备。首先,借由美国卡内基梅隆大学(Carnegie Mellon University)著名教授 Tom Mitchell 对机器学习(Machine Learning)的经典定义,在"1.1 机器学习综述"节中进行阐述,并力求通俗易懂。然后以"良/恶性乳腺癌肿瘤预测"问题为实例,向读者朋友更加细致地剖析机器学习理论中的关键概念。而后,在"1.2 Python 编程库"节中解释之所以选择 Python 搭建机器学习平台的原因和优势,同时为读者朋友推介一系列用于快速搭建机器学习系统的 Python 编程库,并且这些编程库都会在本书的后续章节中详加讨论。"1.3 Python 环境配置"节将一步步教会大家如何在最常见的两大 PC 操作系统平台(Windows 和 Mac OS)上配置所需的编程环境,包括如何架设 Python 2.x 解释器环境和所需的编程库等。最后,利用配置好的编程环境,在"1.4 Python 编程基础"节中,我们要向读者朋友提供这门当下最流行的计算机编程语言的编程规范和基本要素讲解,目的在于方便各位理解和进一步实践本书后续的代码。

 1.1 机器学习综述

机器学习是一门既"古老"又"新兴"的计算机科学技术,隶属于人工智能(Artificial Intelligence)研究与应用的一个分支。

早在计算机发明之初,一些科学家就开始构想拥有一台可以具备人类智慧的机器。这其中就包括计算机结构理论的先驱、人工智能之父艾伦·麦席森·图灵(Alan Mathison Turing)。图灵在 1950 年发表的论文《计算机器与智能》(Computing Machinery and Intelligence)[1] 中提出了具有开创意义的"图灵测试"(Turing Test),用来判断一台计算机是否达到具备人工智能的标准。我们将有关描述"图灵测试"的原文节选如下:

> *The new form of the problem can be described in terms of a game which we call the "imitation game". It is played with three people, a man (A), a woman (B), and an interrogator (C) who may be of either sex. The interrogator stays in a room apart front the other two. The object of the game for the interrogator is to determine which of the other two is the man and which is the woman.*
>
> *We now ask the question, "What will happen when a machine takes the part of A in this game?" Will the interrogator decide wrongly as often when the game is played like this as he does when the game is played between a man and a woman? These questions replace our original, "Can machines think?"*

这段英文原文的意思概括来讲就是："如果通过问答这种方式，我们已经无法区分对话那端到底是机器还是人类，那么就可以说这样的机器已经具备人工智能。"，如图1-1所示。尽管仍然有一些科学家并不完全赞同这种测试标准；但是不得不承认，在计算机刚刚发明不到10年的时间里，图灵能够具有这种前瞻性的构想，甚至为我们提供了用来测试人工智能的蓝图，是极为难能可贵的。

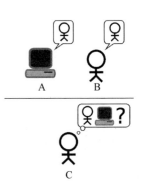

图1-1 图灵测试

而机器学习，作为人工智能的分支，从20世纪50年代开始，也历经了几次具有标志性的事件，这其中包括：1959年，美国的前IBM员工塞缪尔（Arthur Samuel）开发了一个西洋棋程序。这个程序可以在与人类棋手对弈的过程中，不断改善自己的棋艺。在4年之后，这个程序战胜了设计者本人；并且又过了3年，战胜了美国一位保持8年常胜不败的专业棋手。1997年，IBM公司的深蓝（Deep Blue）超级计算机在国际象棋比赛中力克俄罗斯（前苏联）专业大师卡斯帕罗夫（Garry Kimovich Kasparov），自此引起了全世界从业者的瞩目。同样是IBM公司，于2011年，她的沃森深度问答系统（Waston DeepQA）在美国知名的百科知识问答电视节目（Jeopardy）中一举击败多位优秀的人类选手成功夺冠，又使得我们朝着达成"图灵测试"更近了一步。最近的一轮浪潮来自于深度学习（Deep Learning）的兴起，也就是在笔者正在写这本书期间，谷歌公司DeepMind研究团队正式宣布[10]其创造和撰写的机器学习程序AlphaGo① 以4∶1的总比分击败了世界顶级围棋选手李世石，见证了人工智能的极大进步。

按照机器学习理论先驱、塞缪尔先生的说法，他并没有编写具体的程序告诉西洋棋程

---

① https://en.wikipedia.org/wiki/AlphaGo

序如何行棋。事实上,这也是不可能的。因为下棋策略千变万化,我们无法通过编写完备的,哪怕是固定的执行规程来对战人类棋手。从塞缪尔的西洋棋程序,到谷歌的 AlphaGo,我们可以总结出机器学习系统具备如下特点:

- 许多机器学习系统所解决的都是无法直接使用固定规则或者流程代码完成的问题,通常这类问题对人类而言却很简单。比如,计算机和手机中的计算器程序就不属于具备智能的系统,因为里面的计算方法都有清楚而且固定的规程;但是,如果要求一台机器去辨别一张相片中都有哪些人或者物体,这对我们人类来讲非常容易,然而机器却非常难做到。
- 所谓具备"学习"能力的程序都是指它能够不断地从经历和数据中吸取经验教训,从而应对未来的预测任务。我们习惯地把这种对未知的预测能力叫做泛化力(Generalization)。
- 机器学习系统更加诱人的地方在于,它具备不断改善自身应对具体任务的能力。我们习惯称这种完成任务的能力为性能(Performance)。塞缪尔的西洋棋程序和谷歌的 AlphaGo 都是典型的借助过去对弈的经验或者棋谱,不断提高自身性能的机器学习系统。

尽管我们通过西洋棋程序的例子总结了一些机器学习系统所具备的特性,但是作者仍然喜欢引述美国卡内基梅隆大学(Carnegie Mellon University)机器学习研究领域的著名教授 Tom Mitchell 的经典定义[2]来作为阐述机器学习理论的开篇:

> *A program can be said to learn from experience E with respect to some class of tasks T and performance measure P, if its performance at tasks in T, as measured by P, improves with experience E.*

真的是令人称道的表述,而且带有英文独特的韵脚和节律。我们尝试翻译一下:如果一个程序在使用既有的经验(E)执行某类任务(T)的过程中被认定为是"具备学习能力的",那么它一定需要展现出:利用现有的经验(E),不断改善其完成既定任务(T)的性能(P)的特质。

下面,我们会对其中的三个关键术语:任务(Task)、经验(Experience)、性能(Performance)逐一进行剖析,并将一个"良/恶性乳腺癌肿瘤预测"的经典机器学习问题引作开篇实例。

1.1.1 任务

机器学习的任务种类有很多,本书侧重于对两类经典的任务进行讲解与实践:监督学习(Supervised Learning)和无监督学习(Unsupervised Learning)。其中,监督学习关注对事物未知表现的预测,一般包括分类问题(Classification)和回归问题(Regression);无监督学习则倾向于对事物本身特性的分析,常用的技术包括数据降维(Dimensionality

Reduction)和聚类问题(Clustering)等。

分类问题,顾名思义,便是对其所在的类别进行预测。类别既是离散的,同时也是预先知道数量的。比如,根据一个人的身高、体重和三围等数据,预测其性别;性别不仅是离散的(男、女),同时也是预先知晓数量的。或者,根据一朵鸢尾花的花瓣、花萼的长宽等数据,判断其属于哪个鸢尾花亚种;鸢尾花亚种的种类与数量也满足离散和预先知晓这两项条件,因此也是一个分类预测问题[①]。

回归同样是预测问题,只是预测的目标往往是连续变量。比如,根据房屋的面积、地理位置、建筑年代等进行销售价格的预测,销售价格就是一个连续变量。

数据降维是对事物的特性进行压缩和筛选,这项任务相对比较抽象。如果我们没有特定的领域知识,是无法预先确定采样哪些数据的;而如今,传感设备的采样成本相对较低,相反,筛选有效信息的成本更高。比如,在识别图像中人脸的任务中,我们可以直接读取到图像的像素信息。若是直接使用这些像素信息,那么数据的维度会非常高,特别是在图像分辨率越来越高的今天。因此,我们通常会利用数据降维的技术对图像进行降维,保留最具有区分度的像素组合。

聚类则是依赖于数据的相似性,把相似的数据样本划分为一个簇。不同于分类问题,我们在大多数情况下不会预先知道簇的数量和每个簇的具体含义。现实生活中,大型电子商务网站经常对用户的信息和购买习惯进行聚类分析,一旦找到数量不菲并且背景相似客户群,便可以针对他们的兴趣投放广告和促销信息。

至此,根据上面的描述,读者朋友便可以确定"良/恶性乳腺癌肿瘤预测"的问题属于二分类任务。待预测的类别分别是良性乳腺癌肿瘤和恶性乳腺癌肿瘤。通常,我们使用离散的整数来代表类别。如表 1-1 所示,"肿瘤类型"一列列出了肿瘤的类型:0 代表良性肿瘤,1 代表恶性肿瘤。

表 1-1 威斯康星大学乳腺癌肿瘤部分数据[②]

	肿块厚度	细胞尺寸	肿瘤类型		肿块厚度	细胞尺寸	肿瘤类型
0	1	1	0	3	8	8	0
1	4	4	0	4	1	1	0
2	1	1	0	5	10	10	1

---

① 拓展小贴士 1:这里同时也暴露出一个分类问题的缺陷,就是所有需要预测的类别都是已知的。如果是新物种,我们便无法根据现有经验进行判断。常见的做法是对数据样本的分类表现打分;对于没有满足阈值设定的数据样本,就需要对其做进一步分析,甚至要求人工参与鉴定。

② 拓展小贴士 2:为便于展示,这里我们只使用了原数据的一小部分。完整的数据下载链接为:https://archive.ics.uci.edu/ml/machine-learning-databases/breast-cancer-wisconsin/breast-cancer-wisconsin.data

1.1.2 经验

我们习惯性地把数据视作经验;事实上,只有那些对学习任务有用的特定信息才会被列入考虑范围。而我们通常把这些反映数据内在规律的信息叫做特征(Feature)。比如,在前面提到的人脸图像识别任务中,我们很少直接把图像最原始的像素信息作为经验交给学习系统;而是进一步通过降维,甚至一些更为复杂的数据处理方法得到更加有助于人脸识别的轮廓特征。

对于监督学习问题,我们所拥有的经验包括特征和标记/目标(Label/Target)两个部分。我们一般用一个特征向量(Feature Vector)来描述一个数据样本;标记/目标的表现形式则取决于监督学习的种类。

无监督学习问题自然就没有标记/目标,因此也无法从事预测任务,却更加适合对数据结构的分析。正是这个区别,我们经常可以获得大量的无监督数据;而监督数据的标注因为经常耗费大量的时间、金钱和人力,所以数据量相对较少。

另外,更为重要的是,除了标记/目标的表现形式存在离散、连续变量的区别,从原始数据到特征向量转化的过程中也会遭遇多种数据类型:类别型(Categorical)特征,数值型(Numerical)特征,甚至是缺失的数据(Missing Value)等。实际操作过程中,我们都需要把这些特征转化为具体的数值参与运算,这里暂不过多交代,当我们在后面的实例中遇到时会具体说明。

在"良/恶性乳腺癌肿瘤预测"问题中,如表 1-1 所示,我们所使用的经验有两个维度的特征[①]:肿块厚度(Clump Thickness)和细胞尺寸(Cell Size);除此之外,还有对应肿瘤类型。而且,每一行都是一个独立的样本。我们所要做的便是让我们的学习模型从上述的经验中习得如何判别肿瘤的类型。我们通常把这种既有特征,同时也带有目标/标记的数据集称作训练集(Training Set),用来训练我们的学习系统。这里我们拥有 524 条独立的用于训练的乳腺癌肿瘤样本数据。

1.1.3 性能

所谓性能,便是评价所完成任务质量的指标。为了评价学习模型完成任务的质量,我们需要具备相同特征的数据,并将模型的预测结果同相对应的正确答案进行比对。我们

---

① 拓展小贴士 3:也许读者会觉得好奇,这里的肿块厚度和细胞尺寸都不像是真正意义的数值,更像是级别的划分。事实上,的确是这样。在大多数情况下,我们都无法使用最原始的数据进行机器学习任务;更多的需要我们对数据进行预处理,这个话题后面会谈到。

称这样的数据集为测试集（Testing Set）[①]。而且更为重要的是，我们需要保证，出现在测试集中的数据样本一定不能被用于模型训练。简而言之，训练集与测试集之间是彼此互斥的。

对待预测性质的问题，我们经常关注预测的精度。具体来讲：分类问题，我们要根据预测正确类别的百分比来评价其性能，这个指标通常被称作准确性（Accuracy）；回归问题则无法使用类似的指标，我们通常会衡量预测值与实际值之间的偏差大小[②]。以"良/恶性乳腺癌肿瘤预测"问题为例，我们使用准确性作为衡量学习模型/系统性能的指标，并且用于测试的乳腺癌肿瘤样本数据有175条。

前面已经提到过，作为一个学习系统，其自身需要通过经验，不断表现出改善性能的能力。为了说明这个观点，我们即将以"良/恶性乳腺癌肿瘤预测"问题为例，向读者展示这个学习过程。

首先，我们观察一下待测数据集中175条肿瘤样本在二维特征空间的分布情况，如图1-2所示。X代表恶性肿瘤，O代表良性肿瘤。

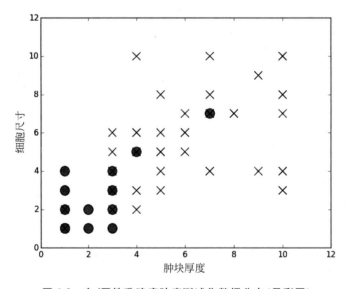

图 1-2　良/恶性乳腺癌肿瘤测试集数据分布（见彩图）

然后我们随机初始化一个二类分类器，这个分类器使用一条直线来划分良/恶性肿

[①] 拓展小贴士4：现实应用中，我们无法获知测试集的正确答案。因为那正是需要通过学习系统来预测结果的数据。因此，我们会充分利用已知目标/标记的训练集，并且后面的章节会交代具体的使用方法。

[②] 拓展小贴士5：性能评价指标因学习任务而异，具体的评价指标和计算方法都会在对应的章节涉及和详细介绍。

瘤。决定这条直线走向的有两个因素：直线的斜率和截距。这些被我们统一称为模型的参数（Parameters），也是分类器需要通过学习从训练数据中得到的。最初，随机初始化参数的分类器的性能表现如图 1-3 所示。

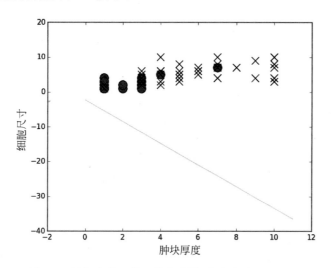

图 1-3　随机参数下的二类分类器（黄色直线）（见彩图）

随着我们使用一定量的训练样本，分类器所表现的性能有了大幅度的提升，如图 1-4

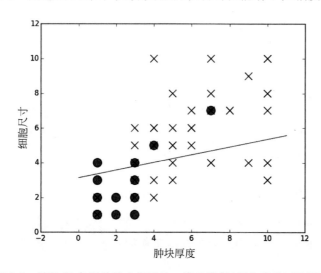

图 1-4　使用 10 条训练样本得到的二类分类器（绿色直线）（见彩图）

与图1-5所示,当学习10条训练样本时,分类器的性能改进一些,测试集上的分类准确性为86.9%;继续学习所有训练样本之后,分类器的性能进一步提升,在测试集上的分类准确性最终达到93.7%。

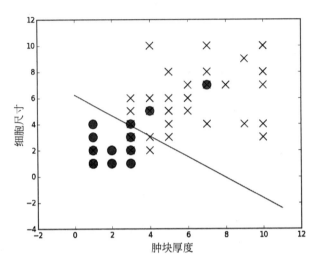

图1-5 使用所有训练样本得到的二类分类器(蓝色直线)(见彩图)

综上,我们通过一个现实生活中的例子,向广大读者详细阐释了一个学习系统的关键组成部分。在后续的章节中,还会有更多有趣而实用的项目等待着大家。

1.2 Python 编程库

这一节,我们需要向读者解释为什么要使用 Python 从事机器学习任务,并且为大家推介几种最为常用,同时也是功能强大的编程库。本书将围绕这些编程库,教会大家如何快速搭建机器学习的系统,甚至用于竞赛实战。

1.2.1 为什么使用 Python

有兴趣的读者如果翻阅英文字典查找 Python 的含义,十有八九会得到"蟒蛇"这个解释。事实上,就 Python 的命名和起源曾有一段逸闻。首先,这门编程语言框架设计和解释器的开发,均是由一名荷兰籍的计算机从业者 Guido von Rossum 在1989年的圣诞假期开始的。而 Python 这个名字来源于 Guido 本人非常喜爱的一部在20世纪60~70年代 BBC 播放的室内情景幽默剧 *Monty Python's Flying Circus*。

稍微了解一点计算机发展历史的读者,一定听说过汇编、甚至机器语言。那个年代,程序员的工作生活远没有像现在这样滋润:在加州硅谷一个阳光明媚的工作日,现今的程序员可以选择不去自己所在的公司,而是坐在一间舒适的咖啡厅里,打开自己的苹果笔记本,远程连接到隶属于自己的一台性能优越的计算服务器,开始一天的工作;相反,那时候的程序员几乎需要整天对着一台轰然作响的庞然大物,迫使自己像它一样思考,写出更加贴近机器指令的程序,甚至还要花费更大的精力,根据有限的计算资源做各种各样的程序优化,最大限度地榨取计算机的性能。

Python 的作者 Guido 苦恼于这样的工作状态并希望改变。因此他决心设计一种兼顾可读性和易用性的编程语言。因此,Python 将许多高级编程语言的优点集于一身:不仅可以像脚本语言(Script Languages)一样,用非常精练易读的寥寥几行代码来完成一个需要使用 C 语言通过复杂编码才能完成的程序任务;而且还具备面向对象编程语言(Object-oriented Programming Languages)的各式各样的强大功能。不同于 C 语言等编译型语言(Compiled Languages),Python 作为一门解释型语言(Interpreted Languages),也非常便于调试代码。同时,Python 免费使用和跨平台执行的特性,也为这门编程语言带来了越来越多开源库的贡献者和使用者。许多著名的公司,如 Google、Dropbox 等,甚至将 Python 纳入其内部最为主要的开发语言。因此,如果是初涉计算机编程的读者,学习 Python 语言无疑明智之选;而本书借由 Python 编程语言来深入介绍机器学习话题,也显得更为高效与易读。

1.2.2 Python 机器学习的优势

Python 程序语言与机器学习实践可以称得上是"珠联璧合"。因为使用 Python 编程技巧,接触甚至掌握机器学习的经典算法至少有以下 4 项优势。

- **方便调试的解释型语言**:Python 是一门解释型编程语言,与 Java 类似,源代码都要通过一个解释器(Interpreter),转换为独特的字节码。这个过程不需要保证全部代码一次性通过编译;相反,Python 解释器逐行处理这些代码。因此方便了调试过程,也特别适合于使用不同机器学习模型进行增量式开发。
- **跨平台执行作业**:上面提到 Python 的源代码都会先解释成独特的字节码,然后才会被运行。从另一个角度讲,只要一个平台安装有用于运行这些字节码的虚拟机,那么 Python 便可以执行跨平台作业。这点不同于 C++ 这类编译型语言,但是却和 Java 虚拟机很相似。由于机器学习任务广泛地执行在多种平台,因此以 Python 这类解释型语言作为编码媒介也不失为一种好的选择。
- **广泛的应用编程接口**:除了那些被用于编程人员自行开发所使用的第三方程序库以外,业界许多著名的公司都拥有用于科研和商业的云平台,如亚马逊的 AWS

（Amazon Web Services）、谷歌的 Prediction API 等。这些平台同时也面向互联网用户提供机器学习功能的 Python 应用编程接口（Application Programming Interface）。许多平台的机器学习功能模块不需要用户来编写，只需要用户像搭建积木一样，通过 Python 语言并且遵照 API 的编写协议与规则，把各个模块串接起来即可。

- **丰富完备的开源工具包**：软件工程中有一个非常重要的概念，便是代码与程序的重用性。为了构建功能强大的机器学习系统，如果没有特殊的开发需求，通常情况下，我们都不会从零开始编程。比如，学习算法中经常会涉及的向量计算；如果 Python 中没有直接提供用于向量计算的工具，我们还需要自己花费时间编写这样的基础功能吗？答案是否定的。Python 自身免费开源的特性使得大量专业、甚至天才型的编程人员，参与到 Python 第三方开源工具包（程序库）的构建中。更为可喜的是，大多数的工具包（程序库）都允许个人免费使用，乃至商用。这其中就包括本书主要使用的多个用于机器学习的第三方程序库，如便于向量、矩阵和复杂科学计算的 NumPy 与 SciPy；仿 MATLAB 样式绘图的 Matplotlib；包含大量经典机器学习模型的 Scikit-learn；对数据进行快捷分析和处理的 Pandas；以及集成了上述所有第三方程序库的综合实践平台 Anaconda。

1.2.3 NumPy & SciPy

NumPy[①]是全书最为基础的 Python 编程库。NumPy 除了提供一些高级的数学运算机制以外，还具备非常高效的向量和矩阵运算功能。这些功能对于机器学习的计算任务是尤为重要的。因为不论是数据的特征表示也好，还是参数的批量计算也好，都离不开更加方便快捷的矩阵和向量计算。而 NumPy 更为突出的是它内部独到的设计，使得处理这些矩阵和向量计算比起一般程序员自行编写，甚至是 Python 自带程序库的运行效率都要高出许多。

SciPy[②]则是在 NumPy 的基础上构建的更为强大，应用领域也更为广泛的科学计算包。正是出于这个原因，SciPy 需要依赖 NumPy 的支持进行安装和运行。对这两个编程库感兴趣的读者，可以参考下面这个在线教程详细学习它们的用法：https://docs.scipy.org/doc/numpy-dev/user/quickstart.html。

---

① http://www.numpy.org/
② http://www.scipy.org/

1.2.4 Matplotlib

众所周知,MATLAB 作为一款功能强劲,集数据分析和展现于一体的商业软件,受到无数自然科学工作者的青睐。然而在多数情况下,只有高等学校、科研机构和大型公司才能负担得起其昂贵的正版许可证。就普通个人对数据展现方面的需求而言,我们更加希望有类似 MATLAB 的绘图功能,但是允许免费使用的 Python 程序库。Matplotlib[1],作为一款 Python 编程环境下免费使用的绘图工具包,因为其工作方式和绘图命令几乎和 MATLAB 类似,所以立刻便成了本书的首选。欲了解详情的读者可以查阅 Matplotlib 的在线文档 http://matplotlib.org/contents.html。

1.2.5 Scikit-learn

Scikit-learn[2] 是本书所使用的核心程序库[6],依托于上述几种工具包,封装了大量经典以及最新的机器学习模型。该项目最早由 David Cournapeau 在 2007 年 Google 夏季代码节中提出并启动。后来作为 Matthieu Brucher 博士工作的一部分得以延续和完善。现在已经是相对成熟的机器学习开源项目。近十年来,有超过 20 位计算机专家参与其代码的更新和维护工作。作为一款用于机器学习和实践的 Python 第三方开源程序库,Scikit-learn 无疑是成功的。无论是其出色的接口设计,还是高效的学习能力,都使它成为本书介绍的核心工具包。另外 Scikit-learn 还提供了详细的英文版使用文档 http://scikit-learn.org/stable/user_guide.html,也是值得参考的辅助学习材料。

1.2.6 Pandas

如果读者有机会采访在一线从事机器学习应用的研发人员,问他们究竟在机器学习的哪个环节最耗费时间,恐怕多数人会很无奈地回答您:"数据预处理。"事实上,多数在业界的研发团队往往不会投入太多精力从事全新机器学习模型的研究;而是针对具体的项目和特定的数据,使用现有的经典模型进行分析。这样一来,时间多数被花费在处理数据,甚至是数据清洗的工作上,特别是在数据还相对原始的条件下。Pandas[3] 是一款针对于数据处理和分析的 Python 工具包,具体文档见 http://pandas.pydata.org/pandas-docs/stable/。其中实现了大量便于数据读写、清洗、填充以及分析的功能。这样就帮助

---

[1] http://matplotlib.org/
[2] http://scikit-learn.org/
[3] http://pandas.pydata.org/

研发人员节省了大量用于数据预处理工作的代码，同时也使得他们有更多的精力专注于具体的机器学习任务。

1.2.7 Anaconda

读到这里，也许会觉得前面介绍的许多工具包相互之间或多或少都存在着一些依赖关系，一时间也很难弄明白；而且实际操作也可能比较复杂。是否有一个集成平台，一旦安装便不需要考虑这些琐碎的事情了呢？答案是：既然有需求，那么一定有！对于想快速上手的初学者而言，笔者推荐使用 Anaconda[①] 平台，只要下载并安装对应操作系统以及 Python 解释器版本的程序包，便可以一次性获得 300 多种用于科学和工程计算相关任务的 Python 编程库的支持；本书所涉及的编程库仅仅是其冰山一角。感兴趣的读者可以深入阅读其文档：https://www.continuum.io/documentation。

1.3　Python 环境配置

从现在开始，请读者准备一台以 Windows 或者 Mac OS 作为操作系统的个人计算机。我们将从零开始，向读者分别介绍如何在这两个主流的操作系统平台上，配置并且运行本书全部代码所需的 Python 解释器、编程库以及开发环境。

这里需要提前向读者声明：Python 编程语言有两个版本，分别是 Python 2.x 与 Python 3.x。因为一些"历史遗留"[②]问题，使得这两个版本不仅无法相互兼容，而且就连一些编程语法都不一致。所以，我们建议读者在学习 Python 的时候，姑且把它们视作两种不同的编程语言。本书中所有编写的示例代码都可以流畅运行于 Mac OS 的 Python 2.7 平台。

1.3.1　Windows 系统环境

由于 Windows 操作系统版本的不同可能会影响配置的流程，因此笔者这里先交代一下本书所使用的 Windows 版本环境：Windows 7 Ultimate 64 位 Service Pack 1，以便于读者参考。

---

① https://www.continuum.io/
② 拓展小贴士 6：具体的历史原因很复杂，感兴趣的读者可以阅读 Python 核心开发团队成员 Brett Cannon 发表的博客 http://www.snarky.ca/why-python-3-exists

1.3.1.1 Python 2.x 解释器安装与配置

我们已经说过,Python 编程语言有两个版本:Python 2.x 与 Python 3.x。这两个版本互不兼容,许多初学者因为忽略了这一点而无法执行自己的代码。因此,这里再次提醒本书使用 Python 2.x 的版本。大家可以到 Python 的官网 https://www.python.org/downloads/自行下载,如图 1-6 所示。官方网站也对版本做了区分,并且截至本书完稿的时候,Python 2.x 更新到 2.7.11 版本。

图 1-6　Python 解释器环境之 Windows 版本下载官网

但是考虑到软件的稳定性,作者建议选择前一个版本。同时,建议使用 64 位操作系统的读者从链接 https://www.python.org/downloads/release/python-2710/选择下载 Windows x86-64 MSI installer(32 位操作系统的用户只能下载 Windows x86 MSI installer,但是其后的安装步骤与 64 位一致)。64 位 Python 2.7.10 的安装包为 python-2.7.10.amd64.msi,双击运行,按照默认配置,一路单击 next 按钮即可完成安装。

如果安装成功,使用 Windows 命令行输入 python,便可以看到如图 1-7 所示的样例,并伴有 Python 特有的命令提示符 >>>。

如果在 Windows 命令行中输入 python,系统提示找不到这个外部命令。那么读者在保证之前所有的安装都正常完成的前提下,可以右击"我的电脑",在弹出的快捷菜单中单击"属性"选项,选择左边栏的"高级系统设置"。如图 1-8 所示,选择"环境变量",并且在下部"系统变量"中编辑 Path,加入 Python 的安装路径即可(默认一般是 C:\Python27)。

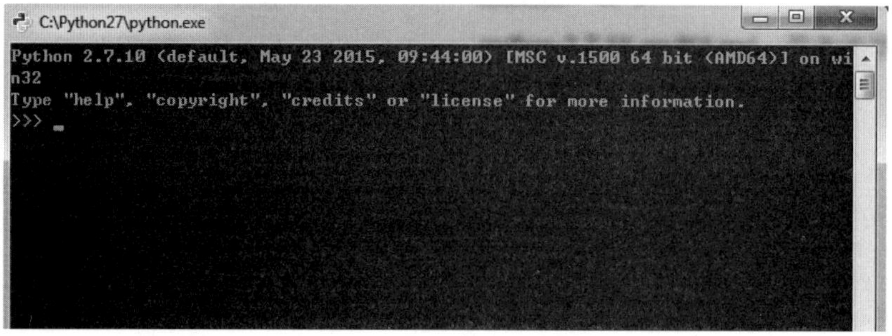

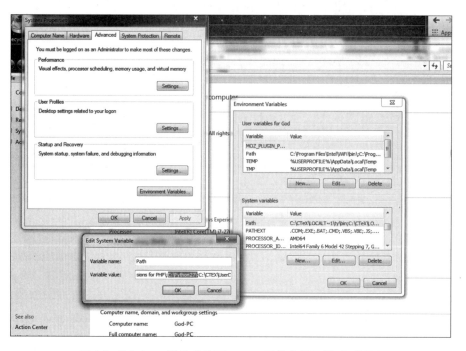

图 1-7　Python 解释器 Windows 运行界面（见彩图）

图 1-8　Windows 操作系统下 Python 环境变量配置（见彩图）

1.3.1.2　Python 2.x 编程库安装与配置

接着就需要配置跟机器学习有关的一系列 Python 的扩展包了。不过在此之前，需要安装 pip。请大家到 https://bootstrap.pypa.io/get-pip.py 下载 get-pip.py 文件，然后在该文件所在目录下打开 Windows 的命令（cmd.exe）窗口，并且在提示行中运行 python get-pip.py。

美国加州大学尔湾分校的一个实验室网站提供了大量用于 Windows 平台下的 Python 第三方扩展包下载 http://www.lfd.uci.edu/~gohlke/pythonlibs/，特别实用。大家到里面去下载以 cp27-none-win_amd64.whl 结尾的一系列扩展包，按照依赖顺序分别为 Numpy+MKL、SciPy 和 Scikit-learn，并依次在下载文件同目录的 cmd.exe 中键入这样的命令（以 scikit_learn-0.17-cp27-none-win_amd64.whl 为例）：

python -m pip install -U scikit_learn-0.17-cp27-none-win_amd64.whl

安装完上述三种扩展包之后，各位就可以通过

```
>>> import numpy, scipy, sklearn
```

测试并且使用它们。此外，如果想跟本书示例一样使用 Python 作图，那么就需要 Matplotlib。Matplotlib 同样也需要一系列扩展包的支持，所有必备的库 numpy、dateutil、pytz、pyparsing、six 等都能从刚才推荐的下载网站上检索到。

1.3.1.3 Python 2.x 开发环境推荐

我们在准备编写和运行 Python 源代码之前，除了可以在 Windows 命令行中通过输入 Python 调用最为基本的解释器环境外，还可以使用很多功能更加丰富和强大的集成开发环境（Integrated Development Environment，IDE）。这些免费的甚至商用的独立软件主要是为了服务于专业的编程人员，协作开发更为大型的应用程序。这里也推荐读者在 Windows 操作系统上使用。比较常用的软件包括以下几种。

- **IDLE**(Integrated Development and Learning Environment)：这款软件属于免费并且轻量级的交互式解释环境，安装 Python 解释器环境就会附带。IDLE 会逐条运行代码行，并且编程人员会当即得知运行状态和结果，如图 1-9 所示。由于其交互式的运行模式，加上免费轻量级的软件特点，深受从事编程教育工作者的喜爱。

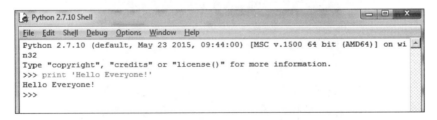

图 1-9 Windows 操作系统下 Python IDLE 运行界面（见彩图）

- **IPython**：这是一款笔记本风格的，并且基于浏览器的解释器环境，如图 1-10 所示。一般在安装 Anaconda 的同时就会附带。对于想快速搭建运行环境并且实践

本书代码的读者而言,作者最为推荐使用这款集成开发环境。原因在于 Anaconda 的一键式安装(Windows 版本的 Anaconda 的下载地址为 https://www.continuum.io/downloads#_windows)可以帮助使用者一次性配置好所有本书需要的工具包以及 IPython 解释器环境。同时 IPython 还提供了非常方便的互联网发布功能,可以随时随地利用互联网维护、更新以及交流 Python 源代码。

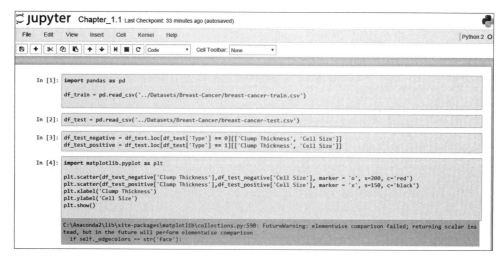

图 1-10　IPython 解释器界面(见彩图)

- **PyCharm**：这是一款功能强劲的商业软件(见图 1-11),同时也提供免费的社区版本(下载地址为 https://www.jetbrains.com/pycharm/download/#section=windows)。对于已经熟悉 Python 编程的专业人士而言,使用这款软件无疑会如

图 1-11　Windows 平台下 Pycharm 软件开启界面

虎添翼。其优秀的智能代码提示功能,免去了大家记忆大量 Python 编程关键词、函数以及工具包名称等的麻烦。

1.3.2 Mac OS 系统环境

同样,我们对于所使用的 Mac OS 的版本也交代一下:OS X EI Captian Version 10.11.2。同时,如果大家在操作系统配置方面有任何疑问,也欢迎致信作者的电子邮箱。

1.3.2.1 Python 2.x 解释器安装与配置

大多数较新的 Mac OS 都默认安装 Python 2.x 的解释器环境,在终端(Terminal)上输入 Python 得到如图 1-12 所示的样例。

```
[172-16-239-4:Miao_Fan jieleizhu$ python
[Python 2.7.10 (default, Oct 23 2015, 18:05:06)
 [GCC 4.2.1 Compatible Apple LLVM 7.0.0 (clang-700.0.59.5)] on darwin
[Type "help", "copyright", "credits" or "license" for more information.
```

图 1-12 使用 Mac OS 终端调用默认 Python 解释器样例

如果 Mac OS 没有安装 Python 2.x,请前往这个链接 https://www.python.org/downloads/release/python-2710/,并且根据 Mac OS 的版本选择下载。

1.3.2.2 Python 2.x 编程库安装与配置

与 Windows 不同,Mac OS 的许多程序安装在终端上通过命令完成更为方便。作者在这里推荐 Mac OS 平台的使用者安装 pip。首先打开 Mac OS 的终端(Terminal),确认自己 Mac OS 已经安装了 Python 的解释器环境;然后,在命令提示符($)下输入 curl https://bootstrap.pypa.io/get-pip.py> get-pip.py 下载到本地;接下来,在命令提示符下继续输入 sudo python get-pip.py 安装 pip,这时候终端会提示输入系统登录密码,也就是开机密码;输入成功之后,pip 就安装好了。我们同样在图 1-13 为大家提供了示范性的安装步骤。

对于包括 NumPy、SciPy、Scikit-learn 以及 Matplotlib 在内的任何相关的 Python 工具包,在安装完 pip 之后,只需要在终端的命令提示符($)后,通过以下命令即可完成:

sudo pip install 工具包名称

比如安装 Scikit-learn,则输入 sudo pip install sklearn 即可。

```
172-16-239-4:Miao_Fan jieleizhu$ python
Python 2.7.10 (default, Oct 23 2015, 18:05:06)
[GCC 4.2.1 Compatible Apple LLVM 7.0.0 (clang-700.0.59.5)] on darwin
Type "help", "copyright", "credits" or "license" for more information.
>>> exit()
172-16-239-4:Miao_Fan jieleizhu$ curl https://bootstrap.pypa.io/get-pip.py > get-pip.py
  % Total    % Received % Xferd  Average Speed   Time    Time     Time  Current
                                 Dload  Upload   Total   Spent    Left  Speed
100 1476k  100 1476k    0     0  1535k      0 --:--:-- --:--:-- --:--:-- 1534k
172-16-239-4:Miao_Fan jieleizhu$ sudo python get-pip.py

WARNING: Improper use of the sudo command could lead to data loss
or the deletion of important system files. Please double-check your
typing when using sudo. Type "man sudo" for more information.

To proceed, enter your password, or type Ctrl-C to abort.

Password:
The directory '/Users/jieleizhu/Library/Caches/pip/http' or its parent directory is not o
wner of that directory. If executing pip with sudo, you may want sudo's -H flag.
The directory '/Users/jieleizhu/Library/Caches/pip' or its parent directory is not owned
 that directory. If executing pip with sudo, you may want sudo's -H flag.
Collecting pip
  Downloading pip-8.0.0-py2.py3-none-any.whl (1.2MB)
    100% |████████████████████████████████| 1.2MB 369kB/s
Collecting wheel
  Downloading wheel-0.26.0-py2.py3-none-any.whl (63kB)
    100% |████████████████████████████████| 65kB 6.0MB/s
Installing collected packages: pip, wheel
Successfully installed pip-8.0.0 wheel-0.26.0
```

图 1-13　Mac OS 下 pip 安装步骤（见彩图）

1.3.2.3　Python 2.x 开发环境推荐

前面介绍了许多用于 Windows 平台的 Python 集成开发环境。这些 IDE 同样也提供 Mac OS 的软件版本。因此，我们这里不再赘述这些软件的使用优势，而只是提供这些软件 Mac OS 版本的下载地址。

- **Terminal**：习惯 Mac OS 的用户多数认为苹果系统的终端就是一个良好的编程平台，这点作者也很赞同。因此，对于使用 Mac OS 的用户，使用 Python 的 IDLE，与直接在 Terminal 中对 Python 进行编程差别不大。
- **IPython**：Mac OS 版本的下载地址为 https://www.continuum.io/downloads#_macosx。
- **PyCharm**：Mac OS 版本的下载地址为 https://www.jetbrains.com/pycharm/download/#。

1.4　Python 编程基础

本节主要为没有接触过或者正在学习 Python 编程的读者而设。不同于那些完整介绍 Python 编程的书籍[3],[4]，作者并没有作铺陈的打算；而是尝试从本书的需求和特点出发，去粗取精，提炼"干货"，向读者介绍足以用来理解并且实践本书代码的 Python 基础编程知识①。

1.4.1 Python 基本语法

从"1.2 Python 编程库"和"1.3 Python 环境配置"两节对 Python 的描述中，对这门编程语言已经有了一些了解。总体而言，Python 代码相对简短、易于理解，并且具有交互性。下面是本书的第一段成功运行的 Python 代码：

代码 1：一段正确运行的 Python 代码

```
>>> isMLGeek=True

>>> #如果您是一位机器学习爱好者，系统常规输出：推荐您购买《Python 机器学习及实践》。
>>> if isMLGeek:
print ' I recommend you to read " DIY Machine Learning Systems for Kaggle Competitions with Python Programming"! '
I recommend you to read "DIY Machine Learning Systems for Kaggle Competitions with Python Programming"!
>>>
```

我们通过上面的例子向读者统一介绍对本书代码展示的如下约定：（代码前方带有＞＞＞提示符）带有灰色背景的代码为输入，字体为 Courier New。字体加粗仍然为 Courier New，但是没有灰色背景的，视为常规输出；其他设定同上，但是颜色为红（本书用深底纹标注），视为警告或者系统输出。而在代码 1 中，有三个有关 Python 编程语法的关键要素，它们分别是：

- **命令提示符**：代码中每一行有关 Python 的编程语句都由＞＞＞作为命令提示符。在 Python 的命令行环境中，一般每两个命令提示符之间的代码都会当即被解释器处理②。读者若是自己实践代码 1，输入第 1 行并按回车键，刚刚输入的命令就会被解释器处理和执行。如果没有语法或者其他错误，便会看到下一个提示

---

① 拓展小贴士 7：这里作者需要向读者说明的是，本书所介绍的 Python 常用编程基础知识，比起其他专业介绍 Python 编程的书籍，内容并不完备。Python 是一门内容非常广泛的编程语言，因此，本书中提到的诸如 Python 数据类型和语法语句等，并不能涵盖 Python 的所有内容。如要深入了解 Python 高级编程，建议读者选择阅读 [3],[4] 等书籍。

② 拓展小贴士 8：如果使用 PyCharm 或者 IPython Notebook 等集成开发平台，我们则看不到 Python 命令行提示符。读者只需要在 Python 源文件（*.py）中输入全部的代码，随即交给平台运行即可观察到一样的输出。

符,如代码 1 所示;如果输入的代码有问题,如代码 2 所示,那么 Python 解释器会反馈一段错误的说明,并依然给出提示符>>>。

代码 2:一段错误运行的代码

```
>>> isMLGeek
Traceback (most recent call last):
  File "<pyshell#0>", line 1, in <module>
    isMLGeek
NameError: name 'isMLGeek' is not defined
>>>
```

- **代码缩进**:读者如果按照代码 1 输入到第 3 行按回车键,会发现既没有常规的输出,也没有系统错误的提示,更没有下一个代码提示符出现;而是解释器在下一行向右缩进(键盘上对应制表符 Tab)了一级。这是 Python 比 C、C++ 和 Java 这些语言在代码模块设计上的一个简化。许多在 C、C++ 和 Java 语言中需要用{}来分割的模块,在 Python 中都严格采用缩进机制进行区分。常见需要缩进的场景包括分支、循环、函数定义等,我们会在后续的章节一一介绍和举例。
- **注释**:如果读者在命令行环境中输入代码 1 中的第 2 行,会发现 Python 解释器并没有语法错误提示。并不是因为 Python 有识别中文命令的能力,而是我们使用了 # 引导了一行代码注释。而代码注释会被解释器忽略,因此读者不会看到错误提示。有些读者似乎觉得注释没有对编程有实质性贡献,然而,恰恰相反,为代码添加注释是一种专业性的良好习惯,使得代码便于追溯并且提高可读性。本书将秉承这一良好的编码习惯,在需要解释的地方都会增加代码注释,方便读者阅读和理解。

瑞士计算机科学家、1984 年图灵奖获得者 Niklaus E. Wirth 在他 1976 年出版的著名书籍 $Algorithms + Data\ Structures = Programs$ 中阐述了一个非常经典的观点[11]:程序是由数据结构与算法组成。因此,我们对后续 Python 编程细节的讲授也遵照这个思路,先与读者探讨 Python 数据类型,然后逐步深入介绍与算法有关的运算符、流程控制、函数以及编程库等内容。

1.4.2 Python 数据类型

Python 内置的常用数据类型共有 6 种:数字(Number)、布尔值(Boolean)、字符串(String),还有复杂一些的元组(Tuple)、列表(List)以及字典(Dictionary)。比起其他高级编程语言，Python 内置数据类型的种类相对简化了许多，详述如下。

- **数字**(Number)：常用的数字类型包括整型数(Integer)、长整型数(Long)、浮点数(Float)以及复杂型数(Complex)。整型数和浮点数是我们平时最常使用的两类，举例来说：读者可以先简单地理解为常用的整数，如 10、100、-100 等都是整型数；一般用于计算的小数，如-0.1、10.01 等都可以使用 Python 的浮点数数字类型进行存储[①]。长整型与复杂数据类型(虚数)不太常用，因此不过多介绍。
- **布尔值**(Boolean)：计算机的计算基础是二进制，因此任何一门编程语言都会有这个数据类型，用来表示真/假。在 Python 中，这两个值有固定的表示：True 代表真，False 代表假。切记，Python 是大小写敏感的编程语言，因此只有按照这样输入才会被解释器理解为布尔值。
- **字符串**(String)：字符串是由一系列字符(Character)组成的数据类型，应用范围十分广泛，特别是针对文本数据的处理。在 Python 里，字符串的表示可以使用成对的英文单引号或者双引号辅助进行表示：'abc'或者"123"。尽管 123 看似是一个整型数，但是一旦被成对的单引号或者双引号限制起来，便成了字符串类型的数据。

上述三类都是 Python 基本的内置数据类型。它们是数据表达、存储的基础。下面即将介绍的三种数据结构相对复杂，而且需要上述三种基础数据类型的配合。

- **元组**(Tuple)：元组是一系列 Python 数据类型按照顺序组成的序列。使用一组小括号()表征，如 (1, 'abc', 0.4) 是一个包含有三个元素的元组。而且读者会发现，元组中的数据类型不必统一，这个是 Python 的一大特点。另外，假设上例的这个元组叫做 t，那么 t[0] 的值为 1，t[1]的值为'abc'。也就是说，我们可以通过索引直接从元组中找到我们需要的数据。特别需要提醒的是，大多数编程语言都默认索引的起始值为 0，不是 1。
- **列表**(List)：列表和元组在功能上几乎是类似的，只是表示方法略有不同。列表实用一对中括号[]来组织数据，如 [1, 'abc', 0.4]。需要记住一点例外的是：Python 允许在使用者在访问列表的同时修改列表里的数据，而元组则不然。具体实例会在后面"1.4.3 Python 数据运算"节中展示，详见代码 5。
- **字典**(Dictionary)：这是 Python 里面非常实用而且功能强大的数据结构，特别在数据处理任务里面，字典几乎成了数据存储的主流形式。从字典自身的数据结构而言，它包括多组键(key)：值(value)对，Python 实用大括号来容纳这些键值对，

---

① 拓展小贴士 9：很多详细介绍 Python 编程的专业书籍会从计算机存储原理的角度深入介绍各个类型可以表达的数据范围。这里不过多涉猎，感兴趣的读者请自行阅读其他材料。

如{1:'1', 'abc':0.1, 0.4:80}。需要读者注意的是,字典中的键是唯一的,但是没有数据类型的要求。而查找某个键对应的值也和元组或者列表的访问方式类似。比如,假设上例的字典为变量 d,那么 d[1]的值为'1';d['abc']的值为 0.1。

1.4.3 Python 数据运算

既然在上一节我们刚刚介绍了 Python 的数据类型,接下来,我们开始了解如何对这些数据进行运算。常用的数据运算类型有如下几种。

- **算术运算**(Arithmetic Operators):毫无疑问,这是作为一门编程语言必须具备的基础运算功能。Python 常用的算术运算符有:加法(+)、减法(-)、乘法(*)、除法(/)、取模(%)以及幂指数(**)运算。下面的代码 3 展示了对应的使用样例。

代码 3:算术运算代码举例

```
>>>#整数加法。
>>>10 + 20
30


>>>#整数与浮点数的减法。
>>>30 - 60.6
-30.6


>>>#整数与浮点数的乘法。
>>>4 * 8.9
35.6


>>>#整数与整数的除法,这里会发现结果只是保留了取整后的商数。
>>>5 / 4
1


>>>#整数与浮点数的除法,结果变为浮点数。
>>>5.0 / 4
1.25


>>>#整数取模运算。
>>>5 % 4
```

```
1
>>> #幂指数运算。
>>> 2.0 ** 3
8.0
>>>
```

- **比较运算**(Comparison Operators)：如果说，算术运算的返回值一般是数字类型的话；那么，比较运算则反馈布尔值类型的结果，详见代码 4。

代码 4：比较运算代码举例

```
>>> #整数比较。
>>> 10 < 20
True
>>> 10 > 20
False

>>> #整数与浮点数的比较。
>>> 30 <= 30.0
True
>>> 30.0 >= 30.0
True

>>> #判断两个值是否相等。
>>> 30 == 40
False

>>> #两个值不相等的判定。
>>> 30 != 40
True
>>>
```

- **赋值运算**(Assignment Operators)：上述两类运算的示例都有一个共同的特点，即所有的运算结果都只是作为一次性的输出使用。然而，更多情况下，我们需要对数据运算的中间结果进行存储，以备后续使用。因此，需要将一些数据赋值给自定义的变量。与许多流行的高级编程语言 C、C++、Java 等不同，Python 在声明变量时不需要预告知类型，如代码 5 所示。

代码5：赋值运算代码样例

```
>>>#将一个元组赋值给变量t。
>>>t=(1, 'abc', 0.4)

>>>#试图更改元组t的第一个元素，但是解释器报错，具体原因我们已经讲过，元组一旦初始化不可以改变内部元素。
>>>t[0]=2
```

```
---------------------------------------------------------------
-----TypeError Traceback (most recent call last) <ipython-input-16-
29b3302c4f70>in <module>() ---->1 t[0]=2 TypeError: 'tuple' object does not
support item assignment
```

```
>>>#将一个列表赋值给变量l。
>>>l=[1, 'abc', 0.4]

>>>#试图更改列表l的第一个元素。
>>>l[0]=2

>>>#试图对更新过的列表l的第一个元素2，进行递增1并重新赋值的操作。
>>>l[0] + =1
>>>#观察输出，应该为3。
>>>l[0]
3

>>>#试图对更新过的列表l的第一个元素2，进行递减2，并且重新赋值给l[0]。
>>>l[0] -=2
>>>#观察输出，应该为1。
>>>l[0]
1
>>>
```

- **逻辑运算**（Logical Operators）：这种类型的运算比较简单，共有三种：与（and）、或（or）、非（not）。如代码6所示，逻辑运算所涉及的数据类型为布尔值，返回值也是布尔值，所以仅仅存在有限的几种可能性。

代码6:逻辑运算代码样例

```
>>> #与(and)运算只有二者都是True返回值才是True。
>>> True and True
True
>>> True and False
False

>>> #或(or)运算只要有其中一方为True,运算结果就是True。
>>> True or False
True
>>> False or False
False


>>> #非(not)运算直接反转布尔值。
>>> not True
False
>>>
```

- **成员运算**(Membership Operators):这是针对Python里面较为复杂的数据结构而设立的一种运算,主要面向元组、列表和字典。通过运算符in询问是否有某个元素在元组或者列表里出现,或者检视某个键(key)是否在字典里存在。这是Python里面非常实用而且功能强大的运算,特别在数据处理任务里面。代码7将会延续使用之前的数据样例进行说明。

代码7:成员运算代码样例

```
>>> #将一个列表赋值给变量l,一个元组赋值给变量t,一个字典赋值给变量d。
>>> l=[1, 'abc', 0.4]
>>> t=(1,'abc', 0.4)
>>> d={1: '1', 'abc': 0.1, 0.4:80}

>>> #试图询问l列表中是否有0.4。
>>> 0.4 in l
True
```

```
>>>#试图询问 t 元组中是否有 1。
>>>1 in t
True


>>>#试图询问字典 d 中是否有键'abc'。
>>>'abc' in d
True


>>># in 只能用来考量是否有键(key),不能告诉您是否有值(value)。
>>>0.1 in d
False
```

1.4.4　Python 流程控制

前面几个小节的代码示例都是按照正常键入的顺序依次执行的,这是最为常见的 Python 程序执行流程。然而,有一些情况下,我们需要选择执行或者重复执行某个代码片段。这样就需要通过一些特殊的流程控制,使得解释器可以跳跃甚至回溯代码,比较常见的包括分支语句(if)和循环控制(for)。

- **分支语句**(if):很多情况下,需要程序根据不同的情况对代码作出选择性执行,这就需要分支语句的参与。与分支语句紧密相连的数据类型和操作类型分别是布尔值与逻辑运算,常见几种语法结构如下。

```
if 布尔值/表达式:
【制表符】执行分支 1(可以有多行,都需要制表符缩进)
【制表符】…
else:
【制表符】执行分支 2(可以有多行,都需要制表符缩进)
【制表符】…
```

或者

```
if 布尔值/表达式:
【制表符】执行分支 1(可以有多行,都需要制表符缩进)
【制表符】…
elif 布尔值/表达式:
【制表符】执行分支 2(可以有多行,都需要制表符缩进)
【制表符】…
```

```
else:
```
【制表符】执行分支 3(可以有多行,都需要制表符缩进)
【制表符】…

解释器会依次询问 if 与 elif 后面的布尔值或者反馈布尔值的表达式,一旦其中任何一个为真,便会执行对应的多行分支语句;如果其中没有任何一个为真,则执行 else 对应的语句,详见代码 8。

代码 8：分支语句代码样例

```
>>>#首先将 True 的布尔值赋予变量 b。
>>>b=True

>>>#然后使用分支语句 if else 组合。
>>>if b:
>>>    print "It's True!"
>>>else:
>>>    print "It's False!"
>>>
It's True!

>>>#接着使用分支语句 if elif else 组合。将 False 的布尔值赋予变量 b,True 赋予变量 c。
>>>b=False
>>>c=True
>>>if b:
>>>    print "b is True!"
>>>elif c:
>>>    print "c is True!"
>>>else:
>>>    print "Both are False!"
>>>
c is True!

>>>#将 False 的布尔值赋予变量 b,False 赋予变量 c,重复一遍,观察结果。
>>>b=False
>>>c=False
>>>if b:
>>>    print "b is True!"
```

```
>>>elif c:
>>>    print "c is True!"
>>>else:
>>>    print "Both are False!"
>>>
Both are False!
```

- **循环控制**(for)：还有一些情况，需要循环使用某些代码。这是计算机程序为人类提供的极大便利。同时，之前介绍的成员运算符(in)也会参与到循环控制的语法结构中，因为我们经常会借助遍历来完成对循环语句的控制。常见的一种遍历语法如下：

for 临时变量 in 可遍历数据结构(列表、元组、字典):
【制表符】执行语句(可以有多行，都需要制表符缩进)
【制表符】…

在执行循环语句时，临时变量会逐个获得可遍历数据结构中的值；每获取到其中一个值之后，制表符缩进的所有语句会执行一次。更加具体的代码样例请见代码 9。

代码 9：循环语句代码样例

```
>>>#对字典 d 的键进行循环遍历，输出每组键值对。
>>>d={1: '1', 'abc': 0.1, 0.4:80}
>>>for k in d:
>>>    print k, ":", d[k]
>>>
1 : 1
abc : 0.1
0.4 : 80
```

1.4.5 Python 函数(模块)设计

在面对大型项目的时候，随着堆砌的代码越来越多，编程人员发现有很多功能重复的模块被反复地键入和执行。因此，大家开始考虑是否可以将这些功能具体且被经常使用的代码段，从程序中抽离出来并单独封装。于是，函数(Function)/模块(Module)的概念出现在了编程语言里。在对函数/模块的设计方面，我们可以向函数提供必要的参数输入，同时可以从函数/模块获取所需的返回值(return)。Python 采用 def 这个关键词来定义一个函数/模块,如代码10所示。

代码 10:函数定义和调用代码样例

```
>>> #定义一个名叫 foo 的函数,传入参数 x。
>>> def foo(x):
>>> #为 x 执行平方运算,返回所得的值,同时注意函数体内部所有代码一律缩进。
>>> return x * * 2

>>> #调用函数 foo,传入参数值为 8.0,观察输出,结果为 64.0。
>>> foo(8.0)
64.0
```

有了函数/模块的帮助,我们便可以更好地组织和规划更大型的项目,同时也节省了代码的人工费用。

1.4.6 Python 编程库(包)的导入

当读者已经学会如何通过封装和调用自己编写的函数来完成较为复杂的任务的时候,心中一定充满了成就感。特别是,如果对于自己所编写的某些函数模块的功能和效率都信心十足,一定非常希望可以和其他人分享,并且也乐意别人的程序重用这些函数模块。这样一来就激励着大家互通有无,第三方程序库(Library)或者包(Package)的概念就应运而生。有一些编程库默认配置在 Python 最基本的解释器环境中,这些是我们经常要用到的;也有一些是其他编程爱好者所开发,发布在 PyPI(Python Package Index)①平台上,这些需要我们自主安装(见"1.3 Python 环境配置"节)。

事实上,越是复杂的大型项目越不可能从零开始编程,更不可能要求一位程序员擅长自行编写所有功能的代码。实际使用中,哪怕是执行一些相对简单的数学运算,我们甚至都能在 Python 语言的内置程序库中找到可以导入(import)并且使用的包。下面笔者在代码11中列出了几种导入包的方法。

代码 11:程序库/工具包导入代码示例

```
>>> #直接使用 import 导入 math 工具包。
>>> import math
>>> #调用 math 包下的函数 exp 求自然指数。
```

---

① https://pypi.python.org/

```
>>>math.exp(2)
    7.38905609893065
>>>

>>>#从(from) math工具包里指定导入exp函数。
>>>from math import exp
>>>#直接使用函数名称调用exp,不需要声明math包。
>>>exp(2)
    7.38905609893065
>>>

>>>#从(from) math工具包里指定导入exp函数,并且对exp重新命名为ep。
>>>from math import exp as ep
>>>#使用函数exp的临时替代名称调用。
>>>ep(2)
    7.38905609893065
>>>
```

1.4.7 Python基础综合实践

这里,我们提供完整的"良/恶性乳腺癌肿瘤预测"问题的Python源代码。也许读者仍然对其中的许多具体细节不够了解,这份代码只是为了帮助大家理清一些全书最为基本的Python编程要素,方便各位对后续实例的理解和实践。同时,作者会在有必要提供说明的地方进行注释,请见代码12。

代码12:"良/恶性乳腺癌肿瘤预测"完整代码样例

```
>>>#导入pandas工具包,并且更名为pd。
>>>import pandas as pd

>>>#调用pandas工具包的read_csv函数/模块,传入训练文件地址参数,获得返回的数据并且存至变量df_train。
>>>df_train=pd.read_csv('../Datasets/Breast-Cancer/breast-cancer-train.csv')
>>>#调用pandas工具包的read_csv函数/模块,传入测试文件地址参数,获得返回的数据并且存至变量df_test。
>>>df_test=pd.read_csv('../Datasets/Breast-Cancer/breast-cancer-test.csv')
```

```python
>>> #选取'Clump Thickness'与'Cell Size'作为特征,构建测试集中的正负分类样本。
>>> df_test_negative=df_test.loc[df_test['Type']==0][['Clump Thickness', 'Cell Size']]
>>> df_test_positive=df_test.loc[df_test['Type']==1][['Clump Thickness', 'Cell Size']]

>>> #导入matplotlib工具包中的pyplot并简化命名为plt。
>>> import matplotlib.pyplot as plt

>>> #绘制图1-2中的良性肿瘤样本点,标记为红色的o。
>>> plt.scatter(df_test_negative['Clump Thickness'],df_test_negative['Cell Size'], marker='o', s=200, c='red')
>>> #绘制图1-2中的恶性肿瘤样本点,标记为黑色的x。
>>> plt.scatter(df_test_positive['Clump Thickness'],df_test_positive['Cell Size'], marker='x', s=150, c='black')

>>> #绘制x,y轴的说明。
>>> plt.xlabel('Clump Thickness')
>>> plt.ylabel('Cell Size')
>>> #显示图1-2。
>>> plt.show()

>>> #导入numpy工具包,并且重命名为np。
>>> import numpy as np
>>> #利用numpy中的random函数随机采样直线的截距和系数。
>>> intercept=np.random.random([1])
>>> coef=np.random.random([2])
>>> lx=np.arange(0, 12)
>>> ly=(-intercept -lx * coef[0]) / coef[1]
>>> #绘制一条随机直线。
>>> plt.plot(lx, ly, c='yellow')

>>> #绘制图1-3。
>>> plt.scatter(df_test_negative['Clump Thickness'],df_test_negative['Cell Size'], marker='o', s=200, c='red')
>>> plt.scatter(df_test_positive['Clump Thickness'],df_test_positive['Cell Size'], marker='x', s=150, c='black')
```

```
>>>plt.xlabel('Clump Thickness')
>>>plt.ylabel('Cell Size')
>>>plt.show()

>>>#导入sklearn中的逻辑斯蒂回归分类器。
>>>from sklearn.linear_model import LogisticRegression
>>>lr=LogisticRegression()

>>>#使用前10条训练样本学习直线的系数和截距。
>>>lr.fit(df_train[['Clump Thickness', 'Cell Size']][:10], df_train['Type'][:10])
>>>print 'Testing accuracy (10 training samples):', lr.score(df_test[['Clump Thickness', 'Cell Size']], df_test['Type'])
```

Testing accuracy (10 training samples): 0.868571428571

```
>>>intercept=lr.intercept_
>>>coef=lr.coef_[0, :]

>>>#原本这个分类面应该是1x * coef[0] + 1y * coef[1] + intercept=0,映射到2维平面上之后,应该是:
>>>ly = (-intercept - lx * coef[0]) / coef[1]

>>>#绘制图1-4。
>>>plt.plot(lx, ly, c='green')
>>>plt.scatter(df_test_negative['Clump Thickness'],df_test_negative['Cell Size'], marker='o', s=200, c='red')
>>>plt.scatter(df_test_positive['Clump Thickness'],df_test_positive['Cell Size'], marker='x', s=150, c='black')
>>>plt.xlabel('Clump Thickness')
>>>plt.ylabel('Cell Size')
>>>plt.show()

>>>lr=LogisticRegression()
>>>#使用所有训练样本学习直线的系数和截距。
>>>lr.fit(df_train[['Clump Thickness', 'Cell Size']], df_train['Type'])
>>>print 'Testing accuracy (all training samples):', lr.score(df_test[['Clump Thickness', 'Cell Size']], df_test['Type'])
```

```
Testing accuracy (all training samples): 0.937142857143

>>>intercept=lr.intercept_
>>>coef=lr.coef_[0, :]
>>>ly = (-intercept -lx * coef[0]) / coef[1]

>>>#绘制图 1-5。
>>>plt.plot(lx, ly, c='blue')
>>>plt.scatter(df_test_negative['Clump Thickness'],df_test_negative['Cell
Size'], marker='o', s=200, c='red')
>>>plt.scatter(df_test_positive['Clump Thickness'],df_test_positive['Cell
Size'], marker='x', s=150, c='black')
>>>plt.xlabel('Clump Thickness')
>>>plt.ylabel('Cell Size')
>>>plt.show()
```

1.5 章末小结

作为全书的起始章节,作者希望向各位读者提供足够的理论和实践知识。

从理论角度上讲,我们在"1.1 机器学习综述"节与"1.2 Python 编程库"节中向大家交代了:

(1) 什么是机器学习;

(2) 机器学习的三要素;

(3) 为什么使用 Python 来实践机器学习;

(4) 本书预期使用哪些 Python 的编程库进行机器学习的快速实践。

从实践角度上讲,"1.3 Python 环境配置"节与"1.4 Python 编程基础"节为大家介绍:

(1) 针对不同操作系统平台,提供了非常详细的编程环境配置步骤;

(2) 足以理解和实践本书代码的 Python 编程基础;

(3) 一份完整的用于机器学习综合实践的代码样例。

期待大家学习愉快,本章所有数据与代码示例都可以通过如下链接下载。

http://pan.baidu.com/s/1dENAUTr

http://pan.baidu.com/s/1geN6QbD

第 2 章

基 础 篇

在本章,我们将使用大量实例和数据,着重介绍两类最为广泛使用的机器学习模型(监督学习经典模型与无监督学习经典模型)的使用方法、性能评价指标以及优缺点。

对于每一类经典模型,都将从模型简介、数据描述、编程实践、性能测评以及特点分析5个角度分别进行阐述。

 2.1 监督学习经典模型

我们曾在第 1 章中提到过:"机器学习中监督学习模型的任务重点在于,根据已有经验知识对未知样本的目标/标记进行预测。根据目标预测变量的类型不同,我们把监督学习任务大体分为分类学习与回归预测两类。"

尽管如此,我们仍然可以对它们的共同点进行归纳,整理出如图 2-1 所示的监督学习任务的基本架构和流程:首先准备训练数据,可以是文本、图像、音频等;然后抽取所需要的特征,形成特征向量(Feature Vectors);接着,把这些特征向量连同对应的标记/目标(Labels)一并送入学习算法(Machine Learning Algorithm)中,训练出一个预测模型(Predictive Model);然后,采用同样的特征抽取方法作用于新测试数据,得到用于测试的特征向量;最后,使用预测模型对这些待测试的特征向量进行预测并得到结果(Expected Label)。

在"2.1.1 分类学习"节中,为了展现其广泛的应用环境,对于每一种分类学习模型,我们都会使用不同的任务以及数据样例进行说明。在逐渐掌握这些基本分类模型的使用方法之后,会在"2.1.2 回归预测"节中集中解决一个相同的问题并使用一套相同的数据样例,比较不同回归模型的性能差异;同时也可以让读者体验到不断尝试不同模型,进而改进学习性能的乐趣。

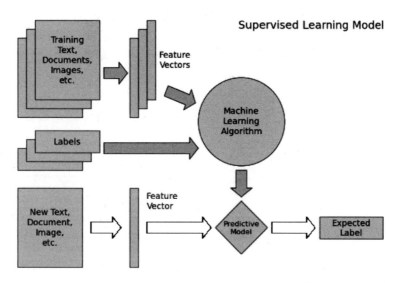

图 2-1 监督学习基本架构和流程(见彩图)①

2.1.1 分类学习

分类学习是最为常见的监督学习问题,并且其中的经典模型也最为广泛地被应用。其中,最基础的便是二分类(Binary Classification)问题,即判断是非,从两个类别中选择一个作为预测结果;除此之外还有多类分类(Multiclass Classification)的问题,即在多于两个类别中选择一个;甚至还有多标签分类(Multi-label Classification)问题,与上述二分类以及多类分类问题不同,多标签分类问题判断一个样本是否同时属于多个不同类别。

在实际生活和工作中,我们会遇到许许多多的分类问题,比如,医生对肿瘤性质的判定;邮政系统对手写体邮编数字进行识别;互联网资讯公司对新闻进行分类;生物学家对物种类型的鉴定;甚至,我们还能够对某些大灾难的经历者是否生还进行预测等。

2.1.1.1 线性分类器

- **模型介绍**:线性分类器(Linear Classifiers),顾名思义,是一种假设特征与分类结果存在线性关系的模型。这个模型通过累加计算每个维度的特征与各自权重的乘积来帮助类别决策。

---

① 图片来自于 http://www.astroml.org

如果我们定义 $x=<x_1,x_2,\cdots,x_n>$ 来代表 n 维特征列向量[①],同时用 n 维列向量 $w=<w_1,w_2,\cdots,w_n>$ 来代表对应的权重,或者叫做系数(Coefficient);同时为了避免其过坐标原点这种硬性假设,增加一个截距(Intercept) b。由此这种线性关系便可以表达为

$$f(w,x,b)=w^\mathrm{T}x+b \tag{1}$$

这里的 $f\in\mathrm{R}$,取值范围分布在整个实数域中。

然而,我们所要处理的最简单的二分类问题希望 $f\in\{0,1\}$;因此需要一个函数把原先的 $f\in\mathrm{R}$ 映射到 $(0,1)$。于是我们想到了逻辑斯蒂(Logistic)函数:

$$g(z)=\frac{1}{1+\mathrm{e}^{-z}} \tag{2}$$

这里的 $z\in\mathrm{R}$ 并且 $g\in(0,1)$,并且其函数图像如图 2-2 所示。

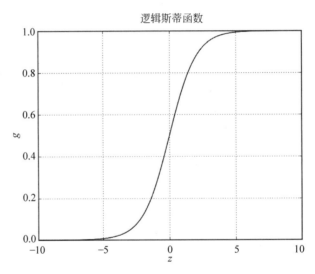

图 2-2 逻辑斯蒂函数图像

综上,如果将 z 替换为 f,整合方程式(1)和方程式(2),就获得了一个经典的线性分类器,逻辑斯蒂回归模型[②](Logistic Regression):

$$h_{w,b}(x)=g(f(w,x,b))=\frac{1}{1+\mathrm{e}^{-f}}=\frac{1}{1+\mathrm{e}^{-(w^\mathrm{T}x+b)}} \tag{3}$$

从图 2-2 中便可以观察到该模型如何处理一个待分类的特征向量:如果 $z=0$,那么

[①] 拓展小贴士 10:一般情况下,许多机器学习或者线性代数的相关书籍都把这些默认为列向量。
[②] 拓展小贴士 11:这里需要说明一下,虽然它叫做"回归"模型,但是事实上这只是一种约定俗成的称谓,事实上它仍然是一种经典的分类模型。

$g=0.5$;若 $z<0$ 则 $g<0.5$,这个特征向量被判别为一类;反之,若 $z>0$,则 $g>0.5$,其被归为另外一类。

当使用一组 m 个用于训练的特征向量 $\boldsymbol{X}=<\boldsymbol{x}^1,\boldsymbol{x}^2,\cdots,\boldsymbol{x}^m>$ 和其所对应的分类目标 $y=<y^1,y^2,\cdots,y^m>$,我们希望逻辑斯蒂模型可以在这组训练集上取得最大似然估计(Maximum Likelihood)的概率 $L(\boldsymbol{w},b)$。或者说,至少要在训练集上表现如此[①]:

$$\underset{\boldsymbol{w},b}{\mathrm{argmax}}\ L(\boldsymbol{w},b)=\underset{\boldsymbol{w},b}{\mathrm{argmax}}\ \prod_{i=1}^{m}(h_{\boldsymbol{w},b}(i))^{y^i}(1-h_{\boldsymbol{w},b}(i))^{1-y^i} \qquad (4)$$

为了学习到决定模型的参数(Parameters),即系数 w 和截距 b,我们普遍使用一种精确计算的解析算法和一种快速估计的随机梯度上升(Stochastic Gradient Ascend)算法[②]。这里我们不会过多介绍这些算法的细节,有兴趣的读者可以自行查阅斯坦福大学吴恩达(Andrew Ng)教授的机器学习课件[③]。这里只会在编程实践一节中向大家介绍如何使用这两种算法求解模型参数。

- **数据描述**:这一节,我们使用之前在第 1 章中探讨过的"良/恶性乳腺癌肿瘤预测"数据为例子,来实践这一节所讲解的逻辑斯蒂回归分类器。与第 1 章不同的是,本次将完整地使用该数据所有的特征作为训练分类器参数的依据,同时采用更为精细的测评指标对模型性能进行评价。原始数据的下载地址为:https://archive.ics.uci.edu/ml/machine-learning-databases/breast-cancer-wisconsin/。根据其数据描述:

```
Number of Instances: 699 (as of 15 July 1992)
Number of Attributes: 10 plus the class attribute
Attribute Information: (class attribute has been moved to last column)

   #  Attribute                     Domain
   -- -----------------------------------------
   1. Sample code number            id number
   2. Clump Thickness                1 - 10
   3. Uniformity of Cell Size        1 - 10
   4. Uniformity of Cell Shape       1 - 10
   5. Marginal Adhesion              1 - 10
```

---

① 拓展小贴士 12:当读者阅读到本书的第 3 章,就会进一步明白为什么这里这样表述。事实上,任何模型在训练集上的表现都不一定能够代表其最终在未知待测数据集上的性能;但是,至少要先保证模型可以被训练集优化。

② 拓展小贴士 13:事实上,不管是随机梯度上升(SGA)还是随机梯度下降(SGD),都隶属于用梯度法迭代渐进估计参数的过程。梯度上升用于目标最大化,梯度下降用于目标最小化。在线性回归中,我们会接触优化目标最小化的方程。

③ http://cs229.stanford.edu/notes/cs229-notes1.pdf

```
   6. Single Epithelial Cell Size         1 - 10
   7. Bare Nuclei                         1 - 10
   8. Bland Chromatin                     1 - 10
   9. Normal Nucleoli                     1 - 10
  10. Mitoses                             1 - 10
  11. Class:                              (2 for benign, 4 for malignant)

Missing attribute values: 16
   There are 16 instances in Groups 1 to 6 that contain a single missing
   (i.e., unavailable) attribute value, now denoted by "?".

Class distribution:
   Benign: 458 (65.5%)
   Malignant: 241 (34.5%)
```

我们得知该原始数据共有699条样本,每条样本有11列不同的数值:1列用于检索的id,9列与肿瘤相关的医学特征,以及一列表征肿瘤类型的数值。所有9列用于表示肿瘤医学特质的数值均被量化为1~10之间的数字,而肿瘤的类型也借由数字2和数字4分别指代良性与恶性。不过,这份数据也声明其中包含16个缺失值,并且用"?"标出。事实上,缺失值问题广泛存在于现实数据中,也是机器学习任务无法回避的问题;然而,考虑到读者学习本书的渐进性,我们在本章的所有实践都会将数据预处理后供各位使用。对于存在缺失值的数据,都暂时予以忽略;而用于处理缺失数据的方法会在后续为大家介绍。下面这段代码用于预处理原始肿瘤数据:

代码13:良/恶性乳腺癌肿瘤数据预处理

```python
>>> # 导入pandas与numpy工具包。
>>> import pandas as pd
>>> import numpy as np

>>> # 创建特征列表。
>>> column_names=['Sample code number', 'Clump Thickness', 'Uniformity of Cell Size', 'Uniformity of Cell Shape', 'Marginal Adhesion', 'Single Epithelial Cell Size', 'Bare Nuclei', 'Bland Chromatin', 'Normal Nucleoli', 'Mitoses', 'Class']

>>> # 使用pandas.read_csv函数从互联网读取指定数据。
```

```
>>>data=pd.read_csv('https://archive.ics.uci.edu/ml/machine-learning-
databases/breast-cancer-wisconsin/breast-cancer-wisconsin.data', names=
column_names)

>>>#将？替换为标准缺失值表示。
>>>data=data.replace(to_replace='?', value=np.nan)
>>>#丢弃带有缺失值的数据(只要有一个维度有缺失)。
>>>data=data.dropna(how='any')
>>>#输出data的数据量和维度。
>>>data.shape
(683, 11)
```

如代码13的输出所示，经过简单的处理之后，无缺失值的数据样本共有683条，特征包括细胞厚度、细胞大小、形状等9个维度，并且每个维度的特征均量化为1～10之间的数值进行表示，如图2-3所示。

	Sample code number	Clump Thickness	Uniformity of Cell Size	Uniformity of Cell Shape	Marginal Adhesion	Single Epithelial Cell Size	Bare Nuclei	Bland Chromatin	Normal Nucleoli	Mitoses	Class
0	1000025	5	1	1	1	2	1	3	1	1	2
1	1002945	5	4	4	5	7	10	3	2	1	2
2	1015425	3	1	1	1	2	2	3	1	1	2
3	1016277	6	8	8	1	3	4	3	7	1	2
4	1017023	4	1	1	3	2	1	3	1	1	2

图2-3　良/恶性乳腺癌肿瘤数据样例

由于原始数据没有提供对应的测试样本用于评估模型性能，因此需要对带有标记的数据进行分割。通常情况下，25%的数据会作为测试集，其余75%的数据用于训练，如代码14所示。

代码14：准备良/恶性乳腺癌肿瘤训练、测试数据

```
>>>#使用sklearn.cross_valiation里的train_test_split模块用于分割数据。
>>>from sklearn.cross_validation import train_test_split
>>>#随机采样25%的数据用于测试，剩下的75%用于构建训练集合。
>>>X_train, X_test, y_train, y_test=train_test_split(data[column_names[1:
10]], data[column_names[10]], test_size=0.25, random_state=33)
>>>#查验训练样本的数量和类别分布。
```

```
>>> y_train.value_counts()
2    344
4    168
Name: Class, dtype: int64

>>> #查验测试样本的数量和类别分布。
>>> y_test.value_counts()
2    100
4     71
Name: Class, dtype: int64
```

综上，我们用于训练样本共有512条（344条良性肿瘤数据、168条恶性肿瘤数据），测试样本有171条（100条良性肿瘤数据、71条恶性肿瘤数据）。

- **编程实践**：接下来，我们在代码15中使用逻辑斯蒂回归与随机梯度参数估计两种方法对上述处理后的训练数据进行学习，并且根据测试样本特征进行预测。

代码15：使用线性分类模型从事良/恶性肿瘤预测任务

```
>>> #从sklearn.preprocessing里导入StandardScaler。
>>> from sklearn.preprocessing import StandardScaler
>>> #从sklearn.linear_model里导入LogisticRegression与SGDClassifier。
>>> from sklearn.linear_model import LogisticRegression
>>> from sklearn.linear_model import SGDClassifier

>>> #标准化数据，保证每个维度的特征数据方差为1，均值为0。使得预测结果不会被某些维度过大的特征值而主导。
>>> ss=StandardScaler()
>>> X_train=ss.fit_transform(X_train)
>>> X_test=ss.transform(X_test)

>>> #初始化LogisticRegression与SGDClassifier。
>>> lr=LogisticRegression()
>>> sgdc=SGDClassifier()
>>> #调用LogisticRegression中的fit函数/模块用来训练模型参数。
>>> lr.fit(X_train, y_train)
>>> #使用训练好的模型lr对X_test进行预测，结果储存在变量lr_y_predict中。
>>> lr_y_predict=lr.predict(X_test)
```

```
>>> # 调用 SGDClassifier 中的 fit 函数/模块用来训练模型参数。
>>> sgdc.fit(X_train, y_train)
>>> # 使用训练好的模型 sgdc 对 X_test 进行预测，结果储存在变量 sgdc_y_predict 中。
>>> sgdc_y_predict=sgdc.predict(X_test)
```

- **性能测评**：在代码 15 的最后，我们分别利用 LogisticRegression 与 SGDClassifier 针对 171 条测试样本进行预测工作。由于这 171 条测试样本拥有正确标记，并记录在变量 y_test 中，因此非常直观的做法是比对预测结果和原本正确标记，计算 171 条测试样本中，预测正确的百分比。我们在把这个百分比称作准确性(Accuracy)，并且将其作为评估分类模型的一个重要性能指标。

然而，在许多实际问题中，我们往往更加关注模型对某一特定类别的预测能力。这时，准确性指标就变得笼统了。比如，在"良/恶性肿瘤预测任务"里，医生和患者往往更加关心有多少恶性肿瘤被正确地诊断出来，因为这种肿瘤更加致命。也就是说，在二分类任务下，预测结果(Predicted Condition)和正确标记(True Condition)之间存在 4 种不同的组合，构成混淆矩阵(Confusion Matrix)，如图 2-4 所示。如果恶性肿瘤为阳性(Positive)，良性肿瘤为阴性(Negative)，那么，预测正确的恶性肿瘤即为真阳性(True Positive)，预测正确的良性肿瘤为真阴性(True Negative)；原本是良性肿瘤(Condition

		True condition		
	Total population	Condition positive	Condition negative	Prevalence $= \frac{\Sigma \text{ Condition positive}}{\Sigma \text{ Total population}}$
Predicted condition	Predicted condition positive	**True positive**	**False positive** (Type I error)	Positive predictive value (PPV), Precision $= \frac{\Sigma \text{ True positive}}{\Sigma \text{ Test outcome positive}}$
	Predicted condition negative	**False negative** (Type II error)	**True negative**	False omission rate (FOR) $= \frac{\Sigma \text{ False negative}}{\Sigma \text{ Test outcome negative}}$
	Accuracy (ACC) = $\frac{\Sigma \text{ True positive} + \Sigma \text{ True negative}}{\Sigma \text{ Total population}}$	True positive rate (TPR), Sensitivity, Recall $= \frac{\Sigma \text{ True positive}}{\Sigma \text{ Condition positive}}$	False positive rate (FPR), Fall-out $= \frac{\Sigma \text{ False positive}}{\Sigma \text{ Condition negative}}$	Positive likelihood ratio (LR+) $= \frac{TPR}{FPR}$
		False negative rate (FNR), Miss rate $= \frac{\Sigma \text{ False negative}}{\Sigma \text{ Condition positive}}$	True negative rate (TNR), Specificity (SPC) $= \frac{\Sigma \text{ True negative}}{\Sigma \text{ Condition negative}}$	Negative likelihood ratio (LR−) $= \frac{FNR}{TNR}$

图 2-4 混淆矩阵示例①(见彩图)

① 图片来自维基百科：https://en.wikipedia.org/wiki/Precision_and_recall

negative），误判为恶性肿瘤（Predicted condition positive）的为假阳性（False Positive）；而实际是恶性肿瘤，但是预测模型没有检测出来，则为假阴性（False Negative）。事实上，医生和病患最不愿看到的是有假阴性（False Negative）的结果，因为这种误诊会耽误病患的治疗，进而危及生命。

因此，除了准确性（Accuracy）之外，我们还引入了两个评价指标，分别是召回率（Recall）和精确率（Precision）。它们的定义分别是：

$$\text{Accuracy} = \frac{\#(\text{True positive}) + \#(\text{True negative})}{\#(\text{True positive}) + \#(\text{True negative}) + \#(\text{False positive}) + \#(\text{False negative})} \quad (5)$$

$$\text{Precision} = \frac{\#(\text{True positive})}{\#(\text{True positive}) + \#(\text{False positive})} \quad (6)$$

$$\text{Recall} = \frac{\#(\text{True positive})}{\#(\text{True positive}) + \#(\text{False negative})} \quad (7)$$

其中，#（True positive）代表真阳性样本的数量，其余以此类推。此外，为了综合考量召回率与精确率，我们计算这两个指标的调和平均数，得到F1指标（F1 measure）：

$$\text{F1 measure} = \frac{2}{\frac{1}{\text{Precision}} + \frac{1}{\text{Recall}}} \quad (8)$$

式（8）之所以使用调和平均数，是因为它除了具备平均功能外，还会对那些召回率和精确率更加接近的模型给予更高的分数；而这也是我们所期待的，因为那些召回率和精确率差距过大的学习模型，往往没有足够的实用价值。

回到本节所讨论的任务，对于乳腺癌肿瘤预测的问题，我们显然更加关注召回率，也就是应该被正确识别的恶性肿瘤的百分比。对于召回率更高的预测模型，医生和患者会更为信赖并给予更多关注。因此，让我们用代码16来更加细致地分析一下两个模型在上述4个指标（准确性、召回率、精确率以及F1指标）的表现情况。

代码16：使用线性分类模型从事良/恶性肿瘤预测任务的性能分析

```
>>> #从sklearn.metrics里导入classification_report模块。
>>> from sklearn.metrics import classification_report

>>> #使用逻辑斯蒂回归模型自带的评分函数score获得模型在测试集上的准确性结果。
>>> print 'Accuracy of LR Classifier:', lr.score(X_test, y_test)
>>> #利用classification_report模块获得LogisticRegression其他三个指标的结果。
>>> print classification_report(y_test, lr_y_predict, target_names=['Benign', 'Malignant'])
```

```
Accuarcy of LR Classifier: 0.988304093567
             precision    recall  f1-score   support
     Benign       0.99      0.99      0.99       100
  Malignant       0.99      0.99      0.99        71
avg / total       0.99      0.99      0.99       171
```

```
>>> #使用随机梯度下降模型自带的评分函数score获得模型在测试集上的准确性结果。
>>> print 'Accuarcy of SGD Classifier:', sgdc.score(X_test, y_test)
>>> #利用classification_report模块获得SGDClassifier其他三个指标的结果。
>>> print classification_report(y_test, sgdc_y_predict, target_names=['Benign',
'Malignant'])
```

```
Accuarcy of SGD Classifier: 0.953216374269
             precision    recall  f1-score   support
     Benign       0.93      0.99      0.96       100
  Malignant       0.98      0.90      0.94        71
avg / total       0.95      0.95      0.95       171
```

阅读了代码16输出的报告之后，我们可以发现：LogisticRegression 比起 SGDClassifier 在测试集上表现有更高的准确性（Accuracy）。这是因为 Scikit-learn 中采用解析的方式精确计算 LogisticRegression 的参数，而使用梯度法估计 SGDClassifier 的参数。

- **特点分析**：线性分类器可以说是最为基本和常用的机器学习模型。尽管其受限于数据特征与分类目标之间的线性假设，我们仍然可以在科学研究与工程实践中把线性分类器的表现性能作为基准。这里所使用的模型包括 LogisticRegression 与 SGDClassifier。相比之下，前者对参数的计算采用精确解析的方式，计算时间长但是模型性能略高；后者采用随机梯度上升算法估计模型参数，计算时间短但是产出的模型性能略低。一般而言，对于训练数据规模在 10 万量级以上的数据，考虑到时间的耗用，笔者更加推荐使用随机梯度算法对模型参数进行估计。

2.1.1.2 支持向量机（分类）

- **模型介绍**：在第 1 章的"良/恶性乳腺癌肿瘤预测"的例子中，曾经使用多个不同颜色的直线作为线性分类的边界。同样，如图 2-5 所示的数据分类问题，我们更有无数种线性分类边界可供选择。

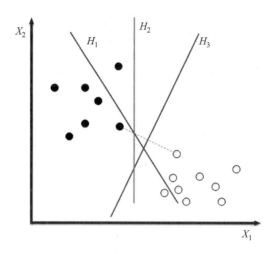

图 2-5　包括支持向量机分类器在内的多种分类直线（见彩图）

图 2-5 中提供了三种颜色的直线，用来划分这两种类别的训练样本。其中绿色直线 H_1 在这些训练样本上表现不佳，本身就带有分类错误；橙色直线 H_2 和红色直线 H_3 如果作为这个二类分类问题的线性分类模型，在训练集上的表现都是完美的。

然而，拓展小贴士 4 和拓展小贴士 12 中都曾提到过，由于这些分类模型最终都是要应用在未知分布的测试数据上，因此我们更加关注如何最大限度地为未知分布的数据提供足够的待预测空间。比如，如果有一个黑色样本稍稍向右偏离橙色直线，那么这个黑色样本很有可能被误判为白色样本，造成误差；而红色直线在空间中的分布位置依然可以为更多"稍稍偏离"的样本提供足够的"容忍度"。因此，我们更加期望学习到红色的直线作为更好的分类模型。

支持向量机分类器（Support Vector Classifier），便是根据训练样本的分布，搜索所有可能的线性分类器中最佳的那个[①]。进一步仔细观察图 2-5 中的红色直线，我们会发现决定其直线位置的样本并不是所有训练数据，而是其中的两个空间间隔最小的两个不同类别的数据点，而我们把这种可以用来真正帮助决策最优线性分类模型的数据点叫做"支持向量"。逻辑斯蒂回归模型在训练过程中由于考虑了所有训练样本对参数的影响，因此不一定获得最佳的分类器。

- **数据描述**：邮政系统每天都会处理大量的信件，最为要紧的一环是要根据信件上

---

① 拓展小贴士 14：这里所说的"最佳"不是绝对的。换句话说，不是在所有的数据集上，支持向量机的性能表现就一定优于普通的线性模型或者其他模型。这里的假设是：如果未知的待测数据也如训练数据一样分布，那么的确支持向量机可以帮助我们找到最佳的分类器。然而，很多实际应用数据总是有偏差的。

的收信人邮编进行识别和分类,以便确定信件的投送地。原本这项任务是依靠大量的人工来进行,后来人们尝试让计算机来替代人工。然而,因为多数的邮编都是手写的数字,并且样式各异,所以没有统一编制的规则可以很好地用于识别和分类。机器学习兴起之后,开始逐渐有研究人员重新考虑这项任务,并且有大量的研究证明,支持向量机可以在手写体数字图片的分类任务上展现良好的性能。因此在这一节,我们要使用支持向量机分类器处理 Scikit-learn 内部集成的手写体数字图片数据集[①],并且通过如下代码提取数据:

代码 17:手写体数据读取代码样例

```
>>> # 从 sklearn.datasets 里导入手写体数字加载器。
>>> from sklearn.datasets import load_digits
>>> # 从通过数据加载器获得手写体数字的数码图像数据并储存在 digits 变量中。
>>> digits=load_digits()
>>> # 检视数据规模和特征维度。
>>> digits.data.shape
```
(1797L, 64L)

代码 17 的输出表明:该手写体数字的数码图像数据共有 1797 条,并且每幅图片是由 $8\times 8=64$ 的像素矩阵表示。在模型使用这些像素矩阵的时候,我们习惯将 2D 的图片像素矩阵逐行首尾拼接为 1D 的像素特征向量。这样做也许会损失一些数据本身的结构信息,但是遗憾的是,我们当下所介绍的经典模型都没有对结构性信息进行学习的能力[②]。

依照惯例,对于没有直接提供测试样本的数据,我们都要通过数据分割获取 75% 的训练样本和 25% 的测试样本,代码如下:

代码 18:手写体数据分割代码样例

```
>>> # 从 sklearn.cross_validation 中导入 train_test_split 用于数据分割。
>>> from sklearn.cross_validation import train_test_split
```

---

① 拓展小贴士 15:Scikit-learn 中集成的手写体数字图像仅仅是 https://archive.ics.uci.edu/ml/datasets/Optical+Recognition+of+Handwritten+Digits 的测试数据集。我们将在后面"2.2.2.1 主成分分析"节中使用完整的数据集进行分析。

② 拓展小贴士 16:虽然本书所介绍的大部分模型都没有处理结构化数据信息的能力,但是感兴趣的读者可以跳跃到"4.4 MNIST 手写体数字图片识别"节,了解一些用于处理这些结构化图片信息的当下流行的深度学习技术。

```
>>> #随机选取75%的数据作为训练样本;其余25%的数据作为测试样本。
>>> X_train, X_test, y_train, y_test=train_test_split(digits.data, digits.
target, test_size=0.25, random_state=33)

>>> #分别检视训练与测试数据规模。
>>> y_train.shape
(1347L,)
>>> y_test.shape
(450L,)
```

- **编程实践**：接下来，我们使用代码18所产生的1347条样本训练基于线性假设的支持向量机模型，代码如下：

代码19：使用支持向量机（分类）对手写体数字图像进行识别

```
>>> #从sklearn.preprocessing里导入数据标准化模块。
>>> from sklearn.preprocessing import StandardScaler
>>> #从sklearn.svm里导入基于线性假设的支持向量机分类器LinearSVC。
>>> from sklearn.svm import LinearSVC

>>> #从仍然需要对训练和测试的特征数据进行标准化。
>>> ss=StandardScaler()
>>> X_train=ss.fit_transform(X_train)
>>> X_test=ss.transform(X_test)

>>> #初始化线性假设的支持向量机分类器LinearSVC。
>>> lsvc=LinearSVC()
>>> #进行模型训练
>>> lsvc.fit(X_train, y_train)
>>> #利用训练好的模型对测试样本的数字类别进行预测，预测结果储存在变量y_predict中。
>>> y_predict=lsvc.predict(X_test)
```

- **性能测评**：与"2.1.1.1 线性分类器"节中的评价指标一样，我们使用准确性、召回率、精确率和F1指标，这4个测度对支持向量机（分类）模型从事手写体数字图像识别任务进行性能评估，详见代码20。

代码 20：支持向量机（分类）模型对手写体数码图像识别能力的评估

```
>>> #使用模型自带的评估函数进行准确性测评。
>>> print 'The Accuracy of Linear SVC is', lsvc.score(X_test, y_test)
The Accuracy of Linear SVC is 0.953333333333
>>> #依然使用 sklearn.metrics 里面的 classification_report 模块对预测结果做更加详细的分析。
>>> from sklearn.metrics import classification_report
>>> print classification_report(y_test, y_predict, target_names=digits.target
_names.astype(str))
```

	precision	recall	f1-score	support
0	0.92	1.00	0.96	35
1	0.96	0.98	0.97	54
2	0.98	1.00	0.99	44
3	0.93	0.93	0.93	46
4	0.97	1.00	0.99	35
5	0.94	0.94	0.94	48
6	0.96	0.98	0.97	51
7	0.92	1.00	0.96	35
8	0.98	0.84	0.91	58
9	0.95	0.91	0.93	44
avg / total	0.95	0.95	0.95	450

通过代码 20 的测试结果可以知道，支持向量机（分类）模型的确能够提供比较高的手写体数字识别性能。平均而言，各项指标都在 95% 上下。

在这里需要进一步指出的是：召回率、准确率和 F1 指标最先适用于二分类任务；但是在本示例中，我们的分类目标有 10 个类别，即 0~9 的 10 个数字。因此无法直接计算上述三个指标。通常的做法是，逐一评估某个类别的这三个性能指标：我们把所有其他的类别看做阴性（负）样本，这样一来，就创造了 10 个二分类任务。事实上，不仅学习模型在对待多类分类任务时是这样做的，而且代码 20 最终的输出也证明了笔者的观点。

- **特点分析**：支持向量机模型曾经在机器学习研究领域繁荣发展了很长一段时间。主要原因在于其精妙的模型假设，可以帮助我们在海量甚至高维度的数据中，筛选对预测任务最为有效的少数训练样本。这样做不仅节省了模型学习所需要的数据内存，同时也提高了模型的预测性能。然而，要获得如此的优势就必然要付出更多的计算代价(CPU 资源和计算时间)。因此,请读者在实际使用该模型的时候,权衡其中的利弊,进而达成各自的任务目标。

2.1.1.3 朴素贝叶斯

- **模型介绍**:朴素贝叶斯(Naïve Bayes)是一个非常简单,但是实用性很强的分类模型。不过,和上述两个基于线性假设的模型(线性分类器和支持向量机分类器)不同,朴素贝叶斯分类器的构造基础是贝叶斯理论。

抽象一些说,朴素贝叶斯分类器会单独考量每一维度特征被分类的条件概率,进而综合这些概率并对其所在的特征向量做出分类预测。因此,这个模型的基本数学假设是:各个维度上的特征被分类的条件概率之间是相互独立的。

如果采用概率模型来表述,则定义 $\boldsymbol{x}=<x_1,x_2,\cdots,x_n>$ 为某一 n 维特征向量,$y\in\{c_1,c_2,\cdots,c_k\}$ 为该特征向量 $\boldsymbol{x}$ 所有 k 种可能的类别,记 $P(y=c_i\mid\boldsymbol{x})$ 为特征向量 $\boldsymbol{x}$ 属于类别 c_i 的概率。根据式(9)的贝叶斯原理:

$$P(y\mid\boldsymbol{x})=\frac{P(\boldsymbol{x}\mid y)P(y)}{P(\boldsymbol{x})} \tag{9}$$

我们的目标是寻找所有 $y\in\{c_1,c_2,\cdots,c_k\}$ 中 $P(y\mid\boldsymbol{x})$ 最大的,即 $\underset{y}{\operatorname{argmax}}P(y\mid\boldsymbol{x})$;并且考虑到 $P(\boldsymbol{x})$ 对于同一样本都是相同的,因此可以忽略不计。所以,

$$\underset{y}{\operatorname{argmax}}P(y\mid\boldsymbol{x})=\underset{y}{\operatorname{argmax}}P(\boldsymbol{x}\mid y)P(y)=\underset{y}{\operatorname{argmax}}P(x_1,x_2,\cdots,x_n\mid y)P(y) \tag{10}$$

若每一种特征可能的取值均为 0 或者 1,在没有任何特殊假设的条件下,计算 $P(x_1,x_2,\cdots,x_n\mid y)$ 需要对 $k*2^n$ 个可能的参数进行估计:

$$P(x_1,x_2,\cdots,x_n\mid y)=P(x_1\mid y)P(x_2\mid x_1,y)P(x_3\mid x_1,x_2,y)\cdots P(x_n\mid x_1,x_2,\cdots,x_{n-1},y) \tag{11}$$

但是由于朴素贝叶斯模型的特征类别条件独立假设,$P(x_n\mid x_1,x_2,\cdots,x_{n-1},y)=P(x_n\mid y)$;若依然每一种特征可能的取值只有 2 种,那么只需要估计 $2kn$ 个参数,即 $P(x_1=0\mid y=c_1),P(x_1=1\mid y=c_1),\cdots,P(x_n=1\mid y=c_k)$。

为了估计每个参数的概率,采用如下的公式,并且改用频率比近似计算概率:

$$P(x_n=1\mid y=c_k)=\frac{P(x_n=1,y=c_k)}{P(y=c_k)}=\frac{\#(x_n=1,y=c_k)}{\#(y=c_k)} \tag{12}$$

- **数据描述**:朴素贝叶斯模型有着广泛的实际应用环境,特别是在文本分类的任务中间,包括互联网新闻的分类、垃圾邮件的筛选等。本节中,我们将使用经典的 20 类新闻文本作为试验数据。获取数据的代码如下:

代码21：读取20类新闻文本的数据细节

```
>>> #从sklearn.datasets里导入新闻数据抓取器fetch_20newsgroups。
>>> from sklearn.datasets import fetch_20newsgroups
>>> #与之前预存的数据不同,fetch_20newsgroups需要即时从互联网下载数据。
>>> news=fetch_20newsgroups(subset='all')
>>> #查验数据规模和细节。
>>> print len(news.data)
>>> print news.data[0]
```

```
18846

From: Mamatha Devineni Ratnam <mr47+ @ andrew.cmu.edu>
Subject: Pens fans reactions
Organization: Post Office, Carnegie Mellon, Pittsburgh, PA
Lines: 12
NNTP-Posting-Host: po4.andrew.cmu.edu


I am sure some bashers of Pens fans are pretty confused about the lack
of any kind of posts about the recent Pens massacre of the Devils. Actually,
I am  bit puzzled too and a bit relieved. However, I am going to put an end
to non-PIttsburghers' relief with a bit of praise for the Pens. Man, they
are killing those Devils worse than I thought. Jagr just showed you why
he is much better than his regular season stats. He is also a lot
fo fun to watch in the playoffs. Bowman should let JAgr have a lot of
fun in the next couple of games since the Pens are going to beat the pulp out of
Jersey anyway. I was very disappointed not to see the Islanders lose the final
regular season game.          PENS RULE!!!
```

由代码21的输出,可获知该数据共有18846条新闻;不同于前面的样例数据,这些文本数据既没有被设定特征,也没有数字化的量度。因此,在交给朴素贝叶斯分类器学习之前,要对数据做进一步的处理。不过在此之前,我们仍然需要如代码22所示,对数据进行分割并且随机采样出一部分用于测试。

代码22：20类新闻文本数据分割

```
>>> #从sklearn.cross_validation导入train_test_split。
>>> from sklearn.cross_validation import train_test_split
```

```
>>>#随机采样25%的数据样本作为测试集。
>>>X_train, X_test, y_train, y_test=train_test_split(news.data, news.target,
test_size=0.25, random_state=33)
```

- **编程实践**:这部分的工作首先将文本转化为特征向量,然后利用朴素贝叶斯模型从训练数据中估计参数,最后利用这些概率参数对同样转化为特征向量的测试新闻样本进行类别预测,如代码23所示。

代码23:使用朴素贝叶斯分类器对新闻文本数据进行类别预测

```
>>>#从 sklearn.feature_extraction.text 里导入用于文本特征向量转化模块。详细介绍请读者参考"3.1.1.1 特征抽取"节。
>>>from sklearn.feature_extraction.text import CountVectorizer
>>>vec=CountVectorizer()
>>>X_train=vec.fit_transform(X_train)
>>>X_test=vec.transform(X_test)

>>>#从 sklearn.naive_bayes 里导入朴素贝叶斯模型。
>>>from sklearn.naive_bayes import MultinomialNB
>>>#从使用默认配置初始化朴素贝叶斯模型。
>>>mnb=MultinomialNB()
>>>#利用训练数据对模型参数进行估计。
>>>mnb.fit(X_train, y_train)
>>>#对测试样本进行类别预测,结果存储在变量 y_predict 中。
>>>y_predict=mnb.predict(X_test)
```

- **性能测评**:与"2.1.1.1 线性分类器"节的评价指标一样,我们使用准确性、召回率、精确率和F1指标,这4个测度对朴素贝叶斯模型在20类新闻文本分类任务上的性能进行评估,详细代码如下所示。

代码24:对朴素贝叶斯分类器在新闻文本数据上的表现性能进行评估

```
>>>#从 sklearn.metrics 里导入 classification_report 用于详细的分类性能报告。
>>>from sklearn.metrics import classification_report
>>>print 'The accuracy of Naive Bayes Classifier is', mnb.score(X_test, y_test)
>>>print classification_report(y_test, y_predict, target_names=news.target_
names)
```

```
The accuracy of Naive Bayes Classifier is 0.839770797963
                           precision    recall  f1-score   support

            alt.atheism        0.86      0.86      0.86       201
          comp.graphics        0.59      0.86      0.70       250
 comp.os.ms-windows.misc        0.89      0.10      0.17       248
comp.sys.ibm.pc.hardware        0.60      0.88      0.72       240
   comp.sys.mac.hardware        0.93      0.78      0.85       242
          comp.windows.x        0.82      0.84      0.83       263
            misc.forsale        0.91      0.70      0.79       257
               rec.autos        0.89      0.89      0.89       238
         rec.motorcycles        0.98      0.92      0.95       276
      rec.sport.baseball        0.98      0.91      0.95       251
        rec.sport.hockey        0.93      0.99      0.96       233
               sci.crypt        0.86      0.98      0.91       238
         sci.electronics        0.85      0.88      0.86       249
                 sci.med        0.92      0.94      0.93       245
               sci.space        0.89      0.96      0.92       221
  soc.religion.christian        0.78      0.96      0.86       232
      talk.politics.guns        0.88      0.96      0.92       251
   talk.politics.mideast        0.90      0.98      0.94       231
      talk.politics.misc        0.79      0.89      0.84       188
      talk.religion.misc        0.93      0.44      0.60       158

             avg / total        0.86      0.84      0.82      4712
```

通过代码 24 的输出，我们获知朴素贝叶斯分类器对 4712 条新闻文本测试样本分类的准确性约为 83.977%，平均精确率、召回率以及 F1 指标分别为 0.86、0.84 和 0.82。

- **特点分析**：朴素贝叶斯模型被广泛应用于海量互联网文本分类任务。由于其较强的特征条件独立假设，使得模型预测所需要估计的参数规模从幂指数量级向线性量级减少，极大地节约了内存消耗和计算时间。但是，也正是受这种强假设的限制，模型训练时无法将各个特征之间的联系考量在内，使得该模型在其他数据特征关联性较强的分类任务上的性能表现不佳。

2.1.1.4 K 近邻（分类）

- **模型介绍**：K 近邻模型本身非常直观并且容易理解。算法描述起来也很简单，如

图 2-6 所示。假设我们有一些携带分类标记的训练样本，分布于特征空间中；蓝色、绿色的样本点各自代表其类别。对于一个待分类的红色测试样本点，未知其类别，按照成语"近朱者赤，近墨者黑"的说法，我们需要寻找与这个待分类的样本在特征空间中距离最近的 K 个已标记样本作为参考，来帮助我们做出分类决策。这便是 K 近邻算法的通俗解释。而在图 2-6 中，如果我们根据最近的 $K=3$ 个带有标记的训练样本做分类决策，那么待测试的样本应该属于绿色类别，因为在 3 个最近邻的已标记样本中，绿色类别样本的比例最高；如果我们扩大搜索范围，设定 $K=7$，那么分类器则倾向待测样本属于蓝色。因此我们也可以发现，随着 K 的不同，我们会获得不同效果的分类器[①]。

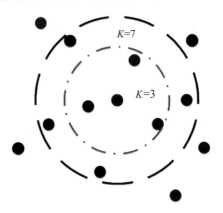

图 2-6　K 近邻算法展示样例（见彩图）

- **数据描述**：在这一节，我们向读者朋友展示如何利用 K 近邻算法对生物物种进行分类，并且使用最为著名的"鸢尾"（Iris）数据集。该数据集曾经被 Fisher 用在其经典论文[7]中，目前作为教科书般的数据样本预存在 Scikit-learn 的工具包中。下面的代码 25 将指导各位如何读取该数据。

代码 25：读取 Iris 数据集细节资料

```
>>> # 从 sklearn.datasets 导入 iris 数据加载器。
>>> from sklearn.datasets import load_iris
```

---

① 拓展小贴士 16：这里是想向读者暗示一件事情：K 不属于模型通过训练数据学习的参数，因此要在模型初始化过程中提前确定；但是 K 值的不同又会对模型的表现性能有巨大影响，所以需要我们给予更多关注。这些笔者都会在第 3 章中深入讨论。

```
>>> #使用加载器读取数据并且存入变量 iris。
>>> iris=load_iris()

>>> #查验数据规模。
>>> iris.data.shape
```
   (150L, 4L)

```
>>> #查看数据说明。对于一名机器学习的实践者来讲,这是一个好习惯。
>>> print iris.DESCR
```

Iris Plants Database

Notes

Data Set Characteristics:
    :Number of Instances: 150 (50 in each of three classes)
    :Number of Attributes: 4 numeric, predictive attributes and the class
    :Attribute Information:
        - sepal length in cm
        - sepal width in cm
        - petal length in cm
        - petal width in cm
        - class:
                - Iris-Setosa
                - Iris-Versicolour
                - Iris-Virginica
    :Summary Statistics:
    ==
                    Min   Max   Mean   SD   Class Correlation
    ==
    sepal length: 4.3   7.9   5.84   0.83   0.7826
    sepal width: 2.0   4.4   3.05   0.43   -0.4194
    petal length: 1.0   6.9   3.76   1.76   0.9490   (high!)
    petal width: 0.1   2.5   1.20   0.76   0.9565   (high!)
    ==
    :Missing Attribute Values: None
    :Class Distribution: 33.3% for each of 3 classes.

```
:Creator: R.A. Fisher
:Donor: Michael Marshall (MARSHALL%PLU@io.arc.nasa.gov)
:Date: July, 1988
```

通过上述代码对数据的查验以及数据本身的描述，我们了解到 Iris 数据集共有 150 朵鸢尾数据样本，并且均匀分布在 3 个不同的亚种；每个数据样本被 4 个不同的花瓣、花萼的形状特征所描述。由于没有指定的测试集，因此按照惯例，我们需要对数据进行随机分割，25％的样本用于测试，其余 75％的样本用于模型的训练。

这里我们需要额外强调的是，如果读者朋友自行编写数据分割的程序，请务必要保证随机采样。尽管许多数据集中样本的排列顺序相对随机，但是也有例外。本例 Iris 数据集便是按照类别依次排列。如果只是采样前 25％的数据用于测试，那么所有的测试样本都属于一个类别，同时训练样本也是不均衡的（Unbalanced），这样得到的结果存在偏置（Bias），并且可信度非常低。Scikit-learn 所提供的数据分割模块，如代码 26 所示默认了随机采样的功能，因此大家不必担心。

代码 26：对 Iris 数据集进行分割

```
>>> #从 sklearn.cross_validation 里选择导入 train_test_split 用于数据分割。
>>> from sklearn.cross_validation import train_test_split
>>> #从使用 train_test_split，利用随机种子 random_state 采样 25%的数据作为测试集。
>>> X_train, X_test, y_train, y_test=train_test_split(iris.data, iris.target,
test_size=0.25, random_state=33)
```

- **编程实践**：接下来，我们在代码 27 中，使用 Scikit-learn 中的 K 近邻分类器，对测试样本进行分类预测：

代码 27：使用 K 近邻分类器对鸢尾花（Iris）数据进行类别预测

```
>>> #从 sklearn.preprocessing 里选择导入数据标准化模块。
>>> from sklearn.preprocessing import StandardScaler
>>> #从 sklearn.neighbors 里选择导入 KNeighborsClassifier，即 K 近邻分类器。
>>> from sklearn.neighbors import KNeighborsClassifier

>>> #对训练和测试的特征数据进行标准化。
>>> ss=StandardScaler()
>>> X_train=ss.fit_transform(X_train)
```

```
>>>X_test=ss.transform(X_test)

>>>#使用K近邻分类器对测试数据进行类别预测,预测结果储存在变量y_predict中。
>>>knc=KNeighborsClassifier()
>>>knc.fit(X_train, y_train)
>>>y_predict=knc.predict(X_test)
```

- **性能测评**：与"2.1.1.1 线性分类器"节中的评价指标一样,使用准确性、召回率、精确率和F1指标,4个测度对K近邻分类模型在经典鸢尾花品种预测任务上进行性能评估,详见代码28。

代码28：对K近邻分类器在鸢尾花（Iris）数据上的预测性能进行评估

```
>>>#使用模型自带的评估函数进行准确性测评。
>>>print 'The accuracy of K-Nearest Neighbor Classifier is', knc.score(X_test, y_test)
```
The accuracy of K-Nearest Neighbor Classifier is 0.894736842105

```
>>>#依然使用sklearn.metrics里面的classification_report模块对预测结果做更加详细的分析。
>>>from sklearn.metrics import classification_report
>>>print classification_report(y_test, y_predict, target_names=iris.target_names)
```

	precision	recall	f1-score	support
setosa	1.00	1.00	1.00	8
versicolor	0.73	1.00	0.85	11
virginica	1.00	0.79	0.88	19
avg / total	0.92	0.89	0.90	38

代码28的输出说明,K近邻分类器对38条鸢尾花测试样本分类的准确性约为89.474%,平均精确率、召回率以及F1指标分别为0.92、0.89和0.90。

- **特点分析**：K近邻(分类)是非常直观的机器学习模型,因此深受广大初学者的喜爱。许多教科书常常以此模型为例抛砖引玉,便足以看出其不仅特别,而且尚有瑕疵之处。细心的读者会发现,K近邻算法与其他模型最大的不同在于：该模型没有参数训练过程。也就是说,我们并没有通过任何学习算法分析训练数据,而只是根据测试样本在训练数据的分布直接做出分类决策。因此，K近邻属于无参数模型（Nonparametric model）中非常简单一种。然而，正是这样的决策算法，导致了其非常高的计算复杂度和内存消耗。因为该模型每处理一个测试样本，都需要对所有预先加载在内存的训练样本进行遍历、逐一计算相似度、排序并且选取K个最近邻训练样本的标记，进而做出分类决策。这是平方级别的算法复杂度，一旦数据规模稍大，使用者便需要权衡更多计算时间的代价①。

2.1.1.5 决策树

- **模型介绍**：在前面所使用的逻辑斯蒂回归和支持向量机模型，都在某种程度上要求被学习的数据特征和目标之间遵照线性假设。然而，在许多现实场景下，这种假设是不存在的。

比如，如果要借由一个人的年龄来预测患流感的死亡率。如果采用线性模型假设，那么只有两种情况：年龄越大死亡率越高；或者年龄越小死亡率越高。然而，根据常识判断，青壮年因为更加健全的免疫系统，相较于儿童和老年人不容易因患流感死亡。因此，年龄与因流感而死亡之间不存在线性关系。如果要用数学表达式描述这种非线性关系，使用分段函数最为合理；而在机器学习模型中，决策树就是描述这种非线性关系的不二之选。

再比如，信用卡申请的审核涉及申请人的多项特征，也是典型的决策树模型。正如图2-7所示：决策树节点（node）代表数据特征，如年龄（age）、身份是否是学生（student）、信用评级（credict_rating）等；每个节点下的分支代表对应特征值的分类，如年龄包括年轻人（youth）、中年人（middle_aged）以及老年人（senior），身份区分是否是学生，等等；而决策树的所有叶子节点（leaf）则显示模型的决策结果。对于是否通过信用卡申请而言，这是二分类决策任务，因此只有yes和no两种分类结果。

如图2-7所示，这类使用多种不同特征组合搭建多层决策树的情况，模型在学习的时候就需要考虑特征节点的选取顺序。常用的度量方式包括信息熵（Information Gain）和基尼不纯性（Gini Impurity）②。本书将不做过多引申，有兴趣的读者可以参阅参考文献[8]的第5章。

- **数据描述**：虽然很难获取到信用卡公司客户的资料，但是也有类似借助客户档案进行二分类的任务。本节要使用的数据来自于历史上一件家喻户晓的灾难性事

---

① 拓展小贴士17：对K近邻有深入了解的读者一定会反驳这个观点，因为有类似KD-Tree这样的数据结构，透过"空间换取时间"的思想，节省决策时间。考虑到本书的受众，作者只在这里提及，有兴趣的读者可以自行深入研究和探讨。

② 拓展小贴士18：阅读Scikit-learn中决策树模型的文档 http://scikit-learn.org/stable/modules/generated/sklearn.tree.DecisionTreeClassifier.html#sklearn.tree.DecisionTreeClassifier 可以知道，默认配置的决策树模型使用的是基尼不纯性（Gini impurity）作为排序特征的度量指标。

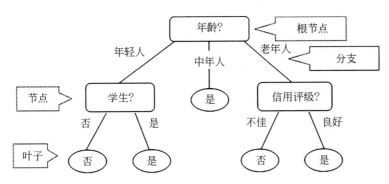

图 2-7 信用卡申请自动审核任务的决策树模型

件:泰坦尼克号沉船事故。1912年,当时隶属于英国的世界级豪华客轮泰坦尼克号,因在处女航行中不幸撞上北大西洋冰山而沉没。这场事故使得1500多名乘客罹难。后来,这场震惊世界的惨剧被详细地调查,而且遇难乘客的信息也逐渐被披露。在当时的救援条件下,无法在短时间内确认每位乘客生还的可能性。而今,许多科学家试图通过计算机模拟和分析找出潜藏在数据背后的生还逻辑。下面,通过代码29,尝试揭开这尘封了100多年的数据的面纱。

代码29:泰坦尼克号乘客数据查验

```
>>> #导入pandas用于数据分析。
>>> import pandas as pd
>>> #利用pandas的read_csv模块直接从互联网收集泰坦尼克号乘客数据。
>>> titanic = pd.read_csv('http://biostat.mc.vanderbilt.edu/wiki/pub/Main/DataSets/titanic.txt')
>>> #观察前几行数据,可以发现,数据种类各异,数值型、类别型,甚至还有缺失数据。
>>> titanic.head()
```

	row.names	pclass	survived	name	age	embarked	home.dest	room	ticket	boat	sex
0	1	1st	1	Allen, Miss Elisabeth Walton	29.0000	Southampton	St Louis, MO	B-5	24160 L221	2	female
1	2	1st	0	Allison, Miss Helen Loraine	2.0000	Southampton	Montreal, PQ / Chesterville, ON	C26	NaN	NaN	female
2	3	1st	0	Allison, Mr Hudson Joshua Creighton	30.0000	Southampton	Montreal, PQ / Chesterville, ON	C26	NaN	(135)	male
3	4	1st	0	Allison, Mrs Hudson J.C. (Bessie Waldo Daniels)	25.0000	Southampton	Montreal, PQ / Chesterville, ON	C26	NaN	NaN	female
4	5	1st	1	Allison, Master Hudson Trevor	0.9167	Southampton	Montreal, PQ / Chesterville, ON	C22	NaN	11	male

```
>>> #使用pandas,数据都转入pandas独有的dataframe格式(二维数据表格),直接使用
info(),查看数据的统计特性。
>>> titanic.info()
<class 'pandas.core.frame.DataFrame'>
Int64Index: 1313 entries, 0 to 1312
Data columns (total 11 columns):
row.names    1313 non-null int64
pclass       1313 non-null object
survived     1313 non-null int64
name         1313 non-null object
age          633 non-null float64
embarked     821 non-null object
home.dest    754 non-null object
room         77 non-null object
ticket       69 non-null object
boat         347 non-null object
sex          1313 non-null object
dtypes: float64(1), int64(2), object(8)
memory usage: 123.1+KB
```

代码 29 的一系列输出说明：该数据共有 1313 条乘客信息，并且有些特征数据是完整的（如 pclass、name），有些则是缺失的；有些是数值类型的，有些则是字符串。

- **编程实践**：比起之前使用过的数据样例，这次的数据年代更加久远，难免会有信息丢失和不完整；甚至，许多数据特征还没有量化。因此，在使用决策树模型进行训练学习之前，需要对数据做一些预处理和分析工作，如代码 30 所示。

代码 30：使用决策树模型预测泰坦尼克号乘客的生还情况

```
>>> #机器学习有一个不太被初学者重视并且耗时,但是十分重要的一环——特征的选择,这个
需要基于一些背景知识。根据我们对这场事故的了解,sex, age, pclass这些特征都很有可能
是决定幸免与否的关键因素。
>>> X=titanic[['pclass', 'age', 'sex']]
>>> y=titanic['survived']

>>> #对当前选择的特征进行探查。
>>> X.info()
```

```
<class 'pandas.core.frame.DataFrame'>
Int64Index: 1313 entries, 0 to 1312
Data columns (total 3 columns):
pclass    1313 non-null object
age       633 non-null float64
sex       1313 non-null object
dtypes: float64(1), object(2)
memory usage: 41.0+ KB
```

```
>>> #借由上面的输出,我们设计如下几个数据处理的任务:
>>> #1) age这个数据列,只有633个,需要补完。
>>> #2) sex与pclass两个数据列的值都是类别型的,需要转化为数值特征,用0/1代替。

>>> #首先我们补充age里的数据,使用平均数或者中位数都是对模型偏离造成最小影响的策略。
>>> X['age'].fillna(X['age'].mean(), inplace=True)

>>> #对补完的数据重新探查。
>>> X.info()
```

```
<class 'pandas.core.frame.DataFrame'>
Int64Index: 1313 entries, 0 to 1312
Data columns (total 3 columns):
pclass    1313 non-null object
age       1313 non-null float64
sex       1313 non-null object
dtypes: float64(1), object(2)
memory usage: 41.0+ KB
```

```
>>> #由此得知,age特征得到了补完。

>>> #数据分割。
>>> from sklearn.cross_validation import train_test_split
>>> X_train, X_test, y_train, y_test=train_test_split(X, y, test_size=0.25, random_state=33)

>>> #使用scikit-learn.feature_extraction中的特征转换器,详见3.1.1.1特征抽取。
>>> from sklearn.feature_extraction import DictVectorizer
```

```
>>> vec=DictVectorizer(sparse=False)

>>> #转换特征后,我们发现凡是类别型的特征都单独剥离出来,独成一列特征,数值型的则保持
不变。
>>> X_train=vec.fit_transform(X_train.to_dict(orient='record'))
>>> print vec.feature_names_
['age', 'pclass=1st', 'pclass=2nd', 'pclass=3rd', 'sex=female', 'sex=male']

>>> #同样需要对测试数据的特征进行转换。
>>> X_test=vec.transform(X_test.to_dict(orient='record'))

>>> #从 sklearn.tree 中导入决策树分类器。
>>> from sklearn.tree import DecisionTreeClassifier
>>> #使用默认配置初始化决策树分类器。
>>> dtc=DecisionTreeClassifier()
>>> #使用分割到的训练数据进行模型学习。
>>> dtc.fit(X_train, y_train)
>>> #用训练好的决策树模型对测试特征数据进行预测。
>>> y_predict=dtc.predict(X_test)
```

- **性能测评**:使用同样用于分类任务的多种性能测评指标,通过代码 31 对乘客是否生还的预测结果进行评价。

代码 31:决策树模型对泰坦尼克号乘客是否生还的预测性能

```
>>> #从 sklearn.metrics 导入 classification_report。
>>> from sklearn.metrics import classification_report
>>> #输出预测准确性。
>>> print dtc.score(X_test, y_test)
>>> #输出更加详细的分类性能。
>>> print classification_report(y_predict, y_test, target_names=['died',
'survived'])
```

```
0.781155015198
             precision    recall  f1-score   support

       died       0.91      0.78      0.84       236
   survived       0.58      0.80      0.67        93

avg / total       0.81      0.78      0.79       329
```

代码 31 的输出表明：决策树模型总体在测试集上的预测准确性约为 78.12%。详细的性能指标进一步说明，该模型在预测遇难者方面性能较好；却需要在识别生还者的精确率方面下功夫。

- **特点分析**：相比于其他学习模型，决策树在模型描述上有着巨大的优势。决策树的推断逻辑非常直观，具有清晰的可解释性，也方便了模型的可视化。这些特性同时也保证在使用决策树模型时，是无须考虑对数据的量化甚至标准化的。并且，与前一节 K 近邻模型不同，决策树仍然属于有参数模型，需要花费更多的时间在训练数据上。

2.1.1.6 集成模型（分类）

- **模型介绍**：常言道："一个篱笆三个桩，一个好汉三个帮"。集成（Ensemble）分类模型便是综合考量多个分类器的预测结果，从而做出决策。只是这种"综合考量"的方式大体上分为两种：

一种是利用相同的训练数据同时搭建多个独立的分类模型，然后通过投票的方式，以少数服从多数的原则作出最终的分类决策。比较具有代表性的模型为随机森林分类器（Random Forest Classifier），即在相同训练数据上同时搭建多棵决策树（Decision Tree）。然而，在 2.1.1.5 决策树一节提到过，一株标准的决策树会根据每维特征对预测结果的影响程度进行排序，进而决定不同特征从上至下构建分裂节点的顺序；如此一来，所有在随机森林中的决策树都会受这一策略影响而构建得完全一致，从而丧失了多样性。因此，随机森林分类器在构建的过程中，每一棵决策树都会放弃这一固定的排序算法，转而随机选取特征。

另一种则是按照一定次序搭建多个分类模型。这些模型之间彼此存在依赖关系。一般而言，每一个后续模型的加入都需要对现有集成模型的综合性能有所贡献，进而不断提升更新过后的集成模型的性能，并最终期望借助整合多个分类能力较弱的分类器，搭建出具有更强分类能力的模型。比较具有代表性的当属梯度提升决策树（Gradient Tree Boosting）。与构建随机森林分来器模型不同，这里每一棵决策树在生成的过程中都会尽可能降低整体集成模型在训练集上的拟合误差。

- **数据描述**：为了对比单一决策树（Decision Tree）与集成模型中随机森林分类器（Random Forest Classifier）以及梯度提升决策树（Gradient Tree Boosting）的性能差异，下面依旧使用泰坦尼克号的乘客数据。
- **编程实践**：在代码 32 中，使用相同的训练数据与测试数据，并利用单一决策树、随机森林分类以及梯度上升决策树，3 种模型各自的默认配置进行初始化，从事预测活动。

代码32：集成模型对泰坦尼克号乘客是否生还的预测

```python
>>> # 导入 pandas，并且重命名为 pd。
>>> import pandas as pd

>>> # 通过互联网读取泰坦尼克乘客档案，并存储在变量 titanic 中。
>>> titanic = pd.read_csv('http://biostat.mc.vanderbilt.edu/wiki/pub/Main/DataSets/titanic.txt')

>>> # 人工选取 pclass、age 以及 sex 作为判别乘客是否能够生还的特征。
>>> X = titanic[['pclass', 'age', 'sex']]
>>> y = titanic['survived']

>>> # 对于缺失的年龄信息，我们使用全体乘客的平均年龄代替，这样可以在保证顺利训练模型的同时，尽可能不影响预测任务。
>>> X['age'].fillna(X['age'].mean(), inplace=True)

>>> # 对原始数据进行分割，25%的乘客数据用于测试。
>>> from sklearn.cross_validation import train_test_split
>>> X_train, X_test, y_train, y_test = train_test_split(X, y, test_size=0.25, random_state=33)

>>> # 对类别型特征进行转化，成为特征向量。
>>> from sklearn.feature_extraction import DictVectorizer
>>> vec = DictVectorizer(sparse=False)
>>> X_train = vec.fit_transform(X_train.to_dict(orient='record'))
>>> X_test = vec.transform(X_test.to_dict(orient='record'))


>>> # 使用单一决策树进行模型训练以及预测分析。
>>> from sklearn.tree import DecisionTreeClassifier
>>> dtc = DecisionTreeClassifier()
>>> dtc.fit(X_train, y_train)
>>> dtc_y_pred = dtc.predict(X_test)

>>> # 使用随机森林分类器进行集成模型的训练以及预测分析。
>>> from sklearn.ensemble import RandomForestClassifier
>>> rfc = RandomForestClassifier()
```

```
>>>rfc.fit(X_train, y_train)
>>>rfc_y_pred=rfc.predict(X_test)

>>>#使用梯度提升决策树进行集成模型的训练以及预测分析。
>>>from sklearn.ensemble import GradientBoostingClassifier
>>>gbc=GradientBoostingClassifier()
>>>gbc.fit(X_train, y_train)
>>>gbc_y_pred=gbc.predict(X_test)
```

- **性能测评**：代码 33 使用多种用于评价分类任务性能的指标，在测试数据集上对比单一决策树（Decision Tree）、随机森林分类器（Random Forest Classifier）以及梯度提升决策树（Gradient Tree Boosting）的性能差异。

代码 33：集成模型对泰坦尼克号乘客是否生还的预测性能

```
>>>#从 sklearn.metrics 导入 classification_report。
>>>from sklearn.metrics import classification_report

>>>#输出单一决策树在测试集上的分类准确性，以及更加详细的精确率、召回率、F1 指标。
>>>print 'The accuracy of decision tree is', dtc.score(X_test, y_test)
>>>print classification_report(dtc_y_pred, y_test)

>>>#输出随机森林分类器在测试集上的分类准确性，以及更加详细的精确率、召回率、F1 指标。
>>>print 'The accuracy of random forest classifier is', rfc.score(X_test, y_test)
>>>print classification_report(rfc_y_pred, y_test)

>>>#输出梯度提升决策树在测试集上的分类准确性，以及更加详细的精确率、召回率、F1 指标。
>>>print 'The accuracy of gradient tree boosting is', gbc.score(X_test, y_test)
>>>print classification_report(gbc_y_pred, y_test)
```

```
The accuracy of decision tree is 0.781155015198
             precision    recall  f1-score   support

          0       0.91      0.78      0.84       236
          1       0.58      0.80      0.67        93

avg / total       0.81      0.78      0.79       329
```

```
The accuracy of random forest classifier is 0.784194528875
             precision    recall   f1-score   support

          0     0.92       0.77      0.84       239
          1     0.57       0.81      0.67        90

avg / total     0.82       0.78      0.79       329

The accuracy of gradient tree boosting is 0.790273556231
             precision    recall   f1-score   support

          0     0.92       0.78      0.84       239
          1     0.58       0.82      0.68        90

avg / total     0.83       0.79      0.80       329
```

代码 33 的输出表明：在相同的训练和测试数据条件下，仅仅使用模型的默认配置，梯度上升决策树具有最佳的预测性能，其次是随机森林分类器，最后是单一决策树。大量在其他数据上的模型实践也证明了上述结论的普适性。一般而言，工业界为了追求更加强劲的预测性能，经常使用随机森林分类模型作为基线系统（Baseline System）[1]。

- **特点分析**：集成模型可以说是实战应用中最为常见的。相比于其他单一的学习模型，集成模型可以整合多种模型，或者多次就一种类型的模型进行建模。由于模型估计参数的过程也同样受到概率的影响，具有一定的不确定性；因此，集成模型虽然在训练过程中要耗费更多的时间，但是得到的综合模型往往具有更高的表现性能和更好的稳定性。

2.1.2 回归预测

回归问题和分类问题的区别在于：其待预测的目标是连续变量，比如：价格、降水量等等。与"2.1.1 分类学习"节的介绍方式不同，这里不会对回归问题的应用场景进行横向扩展；而是只针对一个"美国波士顿地区房价预测"的经典回归问题进行分析，好让读者朋友对各种回归模型的性能与优缺点有一个深入的比较。

---

[1] 拓展小贴士 19：读者朋友将会在本书经常见到基线系统的说法，通常指的是那些使用经典模型搭建的机器学习系统。研发人员每提出一个新模型，都需要和基线系统在多个具有代表性的数据集上进行性能比较的测试。随机森林分类模型就经常以基线系统的身份出现在科研论文，甚至公开的数据竞赛中。

2.1.2.1 线性回归器

- **模型介绍**：在"2.1.1.1 线性分类器"节中，重点介绍了用于分类的线性模型。其中为了便于将原本在实数域上的计算结果映射到$(0,1)$区间，引入了逻辑斯蒂函数。而在线性回归问题中，由于预测目标直接是实数域上的数值，因此优化目标就更为简单，即最小化预测结果与真实值之间的差异。

参考式(1)，当使用一组 m 个用于训练的特征向量 $X = <x^1, x^2, \cdots, x^m>$ 和其对应的回归目标 $y = <y^1, y^2, \cdots, y^m>$ 时，我们希望线性回归模型可以最小二乘(Generalized Least Squares)预测的损失 $L(w,b)$。如此一来，线性回归器的常见优化目标如式(13)所示。

$$\mathop{\mathrm{argmin}}_{w,b} L(w,b) = \mathop{\mathrm{argmin}}_{w,b} \sum_{m}^{k=1} (f(w,x,b) - y^k)^2 \tag{13}$$

同样，为了学习到决定模型的参数(Parameters)，即系数 w 和截距 b，仍然可以使用一种精确计算的解析算法和一种快速的随机梯度下降(Stochastic Gradient Descend)估计算法[①]。我们会在编程实践中向各位介绍如何使用它们。

- **数据描述**："美国波士顿地区房价预测"的数据描述可以通过代码 34 获得：

代码 34：美国波士顿地区房价数据描述

```
>>> # 从 sklearn.datasets 导入波士顿房价数据读取器。
>>> from sklearn.datasets import load_boston
>>> # 从读取房价数据存储在变量 boston 中。
>>> boston=load_boston()
>>> # 输出数据描述。
>>> print boston.DESCR
```
Number of Instances: 506
Number of Attributes: 13 numeric/categorical predictive
Median Value (attribute 14) is usually the target

Attribute Information (in order):
    - CRIM   per capita crime rate by town
    - ZN   proportion of residential land zoned for lots over 25,000 sq.ft.

---

① 拓展小贴士 20：事实上，不管是随机梯度上升(SGA)还是随机梯度下降(SGD)，都隶属于用梯度法迭代渐进估计参数的过程。梯度上升用于目标最大化，梯度下降用于目标最小化。在线性回归中，我们会接触优化目标最小化的方程。

```
    - INDUS    proportion of non-retail business acres per town
    - CHAS     Charles River dummy variable (=1 if tract bounds river; 0 otherwise)
    - NOX      nitric oxides concentration (parts per 10 million)
    - RM       average number of rooms per dwelling
    - AGE      proportion of owner-occupied units built prior to 1940
    - DIS      weighted distances to five Boston employment centres
    - RAD      index of accessibility to radial highways
    - TAX      full-value property-tax rate per $ 10,000
    - PTRATIO  pupil-teacher ratio by town
    - B        1000(Bk - 0.63)^2 where Bk is the proportion of blacks by town
    - LSTAT    % lower status of the population
    - MEDV     Median value of owner-occupied homes in $ 1000's

:Missing Attribute Values: None
```

我们节选了部分有价值的用于数据描述的输出。总体而言,该数据共有 506 条美国波士顿地区房价的数据,每条数据包括对指定房屋的 13 项数值型特征描述和目标房价。另外,该数据中没有缺失的属性/特征值(Missing Attribute Values),更加方便了后续的分析。接下来,"2.1.2 回归预测"节所有的模型都将使用代码 35 中分割出的训练和测试数据。

代码 35:美国波士顿地区房价数据分割

```
>>> #从 sklearn.cross_validation 导入数据分割器。
>>> from sklearn.cross_validation import train_test_split

>>> #导入 numpy 并重命名为 np。
>>> import numpy as np

>>> X=boston.data
>>> y=boston.target

>>> #随机采样 25%的数据构建测试样本,其余作为训练样本。
>>> X_train, X_test, y_train, y_test=train_test_split(X, y, random_state=33, test_size=0.25)

>>> #分析回归目标值的差异。
```

```
>>> print "The max target value is", np.max(boston.target)
>>> print "The min target value is", np.min(boston.target)
>>> print "The average target value is", np.mean(boston.target)

The max target value is 50.0
The min target value is 5.0
The average target value is 22.5328063241
```

不过在上述对数据的初步查验中发现,预测目标房价之间的差异较大,因此需要对特征以及目标值进行标准化处理①,如代码 36 所示。

代码 36:训练与测试数据标准化处理

```
>>> #从 sklearn.preprocessing 导入数据标准化模块。
>>> from sklearn.preprocessing import StandardScaler

>>> #分别初始化对特征和目标值的标准化器。
>>> ss_X=StandardScaler()
>>> ss_y=StandardScaler()

>>> #分别对训练和测试数据的特征以及目标值进行标准化处理。
>>> X_train=ss_X.fit_transform(X_train)
>>> X_test=ss_X.transform(X_test)
>>> y_train=ss_y.fit_transform(y_train)
>>> y_test=ss_y.transform(y_test)
```

- **编程实践**:本节使用最为简单的线性回归模型 LinearRegression 和 SGDRegressor 分别对波士顿房价数据进行训练学习以及预测,如代码 37 所示。

代码 37:使用线性回归模型 LinearRegression 和 SGDRegressor 分别对美国波士顿地区房价进行预测

```
>>> #从 sklearn.linear_model 导入 LinearRegression。
>>> from sklearn.linear_model import LinearRegression
```

---

① 拓展小贴士 21:也许有读者朋友会质疑将真实房价也做标准化处理的做法。事实上,尽管在标准化之后,数据有了很大的变化。但是我们依然可以使用标准化器中的 inverse_transform 函数还原真实的结果;并且,对于预测的回归值也可以采用相同的做法进行还原。

```
>>> #使用默认配置初始化线性回归器 LinearRegression。
>>> lr=LinearRegression()
>>> #使用训练数据进行参数估计。
>>> lr.fit(X_train, y_train)
>>> #对测试数据进行回归预测。
>>> lr_y_predict=lr.predict(X_test)

>>> #从 sklearn.linear_model 导入 SGDRegressor。
>>> from sklearn.linear_model import SGDRegressor
>>> #使用默认配置初始化线性回归器 SGDRegressor。
>>> sgdr=SGDRegressor()
>>> #使用训练数据进行参数估计。
>>> sgdr.fit(X_train, y_train)
>>> #对测试数据进行回归预测。
>>> sgdr_y_predict=sgdr.predict(X_test)
```

- **性能测评**：不同于类别预测，我们不能苛求回归预测的数值结果要严格地与真实值相同。一般情况下，我们希望衡量预测值与真实值之间的差距。因此，可以通过多种测评函数进行评价。其中最为直观的评价指标包括，平均绝对误差（Mean Absolute Error, MAE）以及均方误差（Mean Squared Error, MSE），因为这也是线性回归模型所要优化的目标。

假设测试数据共有 m 个目标数值 $y=<y^1,y^2,\cdots,y^m>$，并且记 $\bar{y}$ 为回归模型的预测结果，那么具体计算 MAE 的步骤如式（14）与式（15）所示。

$$\text{SS}_{\text{abs}} = \sum_{i=1}^{m} |y^i - \bar{y}| \tag{14}$$

$$\text{MAE} = \frac{\text{SS}_{\text{abs}}}{m} \tag{15}$$

而 MSE 的计算方法如式（16）和式（17）所示。

$$\text{SS}_{\text{tot}} = \sum_{i=1}^{m} (y^i - \bar{y})^2 \tag{16}$$

$$\text{MSE} = \frac{\text{SS}_{\text{tot}}}{m} \tag{17}$$

然而，差值的绝对值或者平方，都会随着不同的预测问题而变化巨大，欠缺在不同问题中的可比性。因此，我们要考虑到测评指标需要具备某些统计学含义。类似于分类问题评价中的准确性指标，回归问题也有 R-squared 这样的评价方式，既考量了回归值与真实值的差异，同时也兼顾了问题本身真实值的变动。假设 $f(\boldsymbol{x}^i)$ 代表回归模型根据特征向量 x^i 的预测值，那么 R-squared 具体的计算如式(18)与式(19)所示。

$$\mathrm{SS}_{\mathrm{res}} = \sum_{i=1}^{m}(y^i - f(\boldsymbol{x}^i))^2 \tag{18}$$

$$R^2 = 1 - \frac{\mathrm{SS}_{\mathrm{res}}}{\mathrm{SS}_{\mathrm{tot}}} \tag{19}$$

其中 $\mathrm{SS}_{\mathrm{tot}}$ 代表测试数据真实值的方差（内部差异）；$\mathrm{SS}_{\mathrm{res}}$ 代表回归值与真实值之间的平方差异（回归差异）。所以在统计含义上，R-squared 用来衡量模型回归结果的波动可被真实值验证的百分比，也暗示了模型在数值回归方面的能力。

下面的代码不仅展示了如何使用 Scikit-learn 自带的上述三种回归评价模块，同时还介绍了调取 R-squared 评价函数的两种方式。

代码 38：使用三种回归评价机制以及两种调用 R-squared 评价模块的方法，对本节模型的回归性能做出评价

```
>>> #使用 LinearRegression 模型自带的评估模块，并输出评估结果。
>>> print 'The value of default measurement of LinearRegression is', lr.score(X_test, y_test)

>>> #从 sklearn.metrics 依次导入 r2_score、mean_squared_error 以及 mean_absolute_error 用于回归性能的评估。
>>> from sklearn.metrics import r2_score, mean_squared_error, mean_absolute_error

>>> #使用 r2_score 模块，并输出评估结果。
>>> print 'The value of R-squared of LinearRegression is', r2_score(y_test, lr_y_predict)

>>> #使用 mean_squared_error 模块，并输出评估结果。
>>> print 'The mean squared error of LinearRegression is', mean_squared_error(ss_y.inverse_transform(y_test), ss_y.inverse_transform(lr_y_predict))

>>> #使用 mean_absolute_error 模块，并输出评估结果。
>>> print 'The mean absolute error of LinearRegression is', mean_absolute_error(ss_y.inverse_transform(y_test), ss_y.inverse_transform(lr_y_predict))
```

The value of default measurement of LinearRegression is 0.6763403831
The value of R-squared of LinearRegression is 0.6763403831
The mean squared error of LinearRegression is 25.0969856921
The mean absolute error of LinearRegression is 3.5261239964

```
>>> #使用SGDRegressor模型自带的评估模块,并输出评估结果。
>>> print 'The value of default measurement of SGDRegressor is', sgdr.score(X_test, y_test)

>>> #使用r2_score模块,并输出评估结果。
>>> print 'The value of R-squared of SGDRegressor is', r2_score(y_test, sgdr_y_predict)

>>> #使用mean_squared_error模块,并输出评估结果。
>>> print 'The mean squared error of SGDRegressor is', mean_squared_error(ss_y.inverse_transform(y_test), ss_y.inverse_transform(sgdr_y_predict))

>>> #使用mean_absoluate_error模块,并输出评估结果。
>>> print 'The mean absoluate error of SGDRegressor is', mean_absolute_error(ss_y.inverse_transform(y_test), ss_y.inverse_transform(sgdr_y_predict))
```

The value of default measurement of SGDRegressor is 0.659853975749
The value of R-squared of SGDRegressor is 0.659853975749
The mean squared error of SGDRegressor is 26.3753630607
The mean absolute error of SGDRegressor is 3.55075990424

通过代码38的输出,我们知道两种调用R-squared的方式是等价的。后续有关回归模型的评价,我们都会采用第一种方式,即回归模型自带的评估模块来完成性能的评估。另外,也可以看出尽管三种评价方式R-squared、MSE以及MAE在具体评估结果上不同,但是在评价总体优劣程度的趋势上是一致的。

虽然,使用随机梯度下降估计参数的方法SGDRegressor在性能表现上不及使用解析方法的LinearRegression;但是如果面对训练数据规模十分庞大的任务,随机梯度法不论是在分类还是回归问题上都表现得十分高效,可以在不损失过多性能的前提下,节省大量计算时间。请读者在今后的使用中,根据预测任务的数据规模,参考图2-8选择合适的模型。根据Scikit-learn官网的建议,如果数据规模超过10万,推荐使用随机梯度法估计参数模型（SGD Classifier/Regressor）。

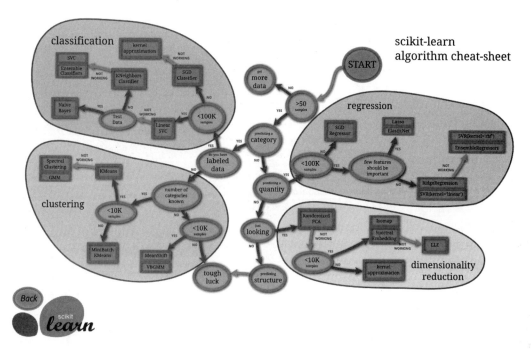

图 2-8　Scikit-learn 工具包模型使用建议（图片来源于 http://scikit-learn.org/stable/tutorial/machine_learning_map/index.html）（见彩图）

- **特点分析**：线性回归器是最为简单、易用的回归模型。正是因为其对特征与回归目标之间的线性假设，从某种程度上说也局限了其应用范围。特别是，现实生活中的许多实例数据的各个特征与回归目标之间，绝大多数不能保证严格的线性关系。这一点，在"2.1.1.5 决策树"节中想必已有感受。尽管如此，在不清楚特征之间关系的前提下，我们仍然可以使用线性回归模型作为大多数科学试验的基线系统（Baseline system）。

2.1.2.2　支持向量机（回归）

- **模型介绍**：想必读者朋友已经对 2.1.1.2 支持向量机（分类）中提到的分类模型的作用机理有所了解。本节介绍的支持向量机（回归）也同样是从训练数据中选取一部分更加有效的支持向量，只是这少部分的训练样本所提供的并不是类别目标，而是具体的预测数值。
- **编程实践**：继续使用"2.1.2.1 线性回归器"中分割处理好的训练和测试数据；同

时在本书中第一次修改模型初始化的默认配置,以求在代码 39 中展现不同配置下模型性能的差异,也为后续章节要介绍的内容做个铺垫。

代码 39:使用三种不同核函数配置的支持向量机回归模型进行训练,并且分别对测试数据做出预测

```
>>> #从sklearn.svm中导入支持向量机(回归)模型。
>>> from sklearn.svm import SVR

>>> #使用线性核函数配置的支持向量机进行回归训练,并且对测试样本进行预测。
>>> linear_svr=SVR(kernel='linear')
>>> linear_svr.fit(X_train, y_train)
>>> linear_svr_y_predict=linear_svr.predict(X_test)

>>> #使用多项式核函数配置的支持向量机进行回归训练,并且对测试样本进行预测。
>>> poly_svr=SVR(kernel='poly')
>>> poly_svr.fit(X_train, y_train)
>>> poly_svr_y_predict=poly_svr.predict(X_test)

>>> #使用径向基核函数配置的支持向量机进行回归训练,并且对测试样本进行预测。
>>> rbf_svr=SVR(kernel='rbf')
>>> rbf_svr.fit(X_train, y_train)
>>> rbf_svr_y_predict=rbf_svr.predict(X_test)
```

- **性能测评**:接下来将继续在代码 40 中,就不同核函数配置下的支持向量机回归模型在测试集上的回归性能做出评估。通过三组性能测评我们发现,不同配置下的模型在相同测试集上,存在着非常大的性能差异。并且在使用了径向基(Radial basis function)核函数对特征进行非线性映射之后,支持向量机展现了最佳的回归性能。

代码 40:对三种核函数配置下的支持向量机回归模型在相同测试集上进行性能评估

```
>>> #使用R-squared、MSE 和 MAE 指标对三种配置的支持向量机(回归)模型在相同测试集上进行性能评估。
>>> from sklearn.metrics import r2_score, mean_absolute_error, mean_squared_error
```

```
>>> print 'R-squared value of linear SVR is', linear_svr.score(X_test, y_test)
>>> print 'The mean squared error of linear SVR is', mean_squared_error(ss_y.
inverse_transform(y_test), ss_y.inverse_transform(linear_svr_y_predict))
>>> print 'The mean absolute error of linear SVR is', mean_absolute_error(ss_y.
inverse_transform(y_test), ss_y.inverse_transform(linear_svr_y_predict))
```
R-squared value of linear SVR is 0.65171709743
The mean squared error of linear SVR is 26.6433462972
The mean absolute error of linear SVR is 3.53398125112

```
>>> print 'R-squared value of Poly SVR is', poly_svr.score(X_test, y_test)
>>> print 'The mean squared error of Poly SVR is', mean_squared_error(ss_y.
inverse_transform(y_test), ss_y.inverse_transform(poly_svr_y_predict))
>>> print 'The mean absolute error of Poly SVR is', mean_absolute_error(ss_y.
inverse_transform(y_test), ss_y.inverse_transform(poly_svr_y_predict))
```
R-squared value of Poly SVR is 0.404454058003
The mean squared error of Poly SVR is 46.179403314
The mean absolute error of Poly SVR is 3.75205926674

```
>>> print 'R-squared value of RBF SVR is', rbf_svr.score(X_test, y_test)
>>> print 'The mean squared error of RBF SVR is', mean_squared_error(ss_y.
inverse_transform(y_test), ss_y.inverse_transform(rbf_svr_y_predict))
>>> print 'The mean absolute error of RBF SVR is', mean_absolute_error(ss_y.
inverse_transform(y_test), ss_y.inverse_transform(rbf_svr_y_predict))
```
R-squared value of RBF SVR is 0.756406891227
The mean squared error of RBF SVR is 18.8885250008
The mean absolute error of RBF SVR is 2.60756329798

- **特点分析**：本节首次向读者展示了不同配置模型在相同数据上所表现的性能差异。特别是除了 2.1.1.2 节支持向量机（分类）模型里曾经提到过的特点之外，该系列模型还可以通过配置不同的核函数[①]来改变模型性能。因此，建议读者在使用时多尝试几种配置，进而获得更好的预测性能。

---

① 拓展小贴士 22：核函数是一项非常有用的特征映射技巧，同时在数学描述上也略为复杂。因此本书不做过度引申。简单一些理解，便是通过某种函数计算，将原有的特征映射到更高维度的空间，从而尽可能达到新的高维度特征线性可分的程度，如图 2-9 所示。结合支持向量机的特点，这种高维度线性可分的数据特征恰好可以发挥其模型优势。

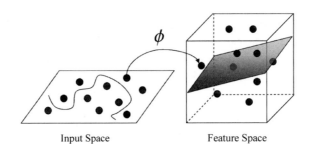

图 2-9 利用核函数 ϕ 将线性不可分的低维输入，映射到高维可分的新特征空间，图片摘自于互联网[①]（见彩图）

2.1.2.3 K 近邻（回归）

- **模型介绍**：在 2.1.1.4 K 近邻（分类）中提到了这类模型不需要训练参数的特点。在回归任务中，K 近邻（回归）模型同样只是借助周围 K 个最近训练样本的目标数值，对待测样本的回归值进行决策。自然，也衍生出衡量待测样本回归值的不同方式，即到底是对 K 个近邻目标数值使用普通的算术平均算法，还是同时考虑距离的差异进行加权平均。因此，本节也初始化不同配置的 K 近邻（回归）模型来比较回归性能的差异。
- **编程实践**：代码 41 展示了如何使用两种不同配置的 K 近邻回归模型对美国波士顿房价数据进行回归预测。

代码 41：使用两种不同配置的 K 近邻回归模型对美国波士顿房价数据进行回归预测

```
>>> #从 sklearn.neighbors 导入 KNeighborRegressor(K 近邻回归器)。
>>> from sklearn.neighbors import KNeighborsRegressor

>>> #初始化 K 近邻回归器，并且调整配置，使得预测的方式为平均回归：weights='uniform'。
>>> uni_knr=KNeighborsRegressor(weights='uniform')
>>> uni_knr.fit(X_train, y_train)
>>> uni_knr_y_predict=uni_knr.predict(X_test)

>>> #初始化 K 近邻回归器，并且调整配置，使得预测的方式为根据距离加权回归：weights='distance'。
```

---

① http://pt.egg-life.net/article/157687

```
>>>dis_knr=KNeighborsRegressor(weights='distance')
>>>dis_knr.fit(X_train, y_train)
>>>dis_knr_y_predict=dis_knr.predict(X_test)
```

- **性能测评**：接下来我们将继续使用代码 42，就不同回归预测配置下的 K 近邻模型进行性能评估。其输出表明：相比之下，采用加权平均的方式回归房价具有更好的预测性能。

代码 42：对两种不同配置的 K 近邻回归模型在美国波士顿房价数据上进行预测性能的评估

```
>>># 使用 R-squared、MSE 以及 MAE 三种指标对平均回归配置的 K 近邻模型在测试集上进行性能评估。
>>>print 'R-squared value of uniform-weighted KNeighorRegression:', uni_knr.score(X_test, y_test)
>>> print 'The mean squared error of uniform-weighted KNeighorRegression:', mean_squared_error(ss_y.inverse_transform(y_test), ss_y.inverse_transform(uni_knr_y_predict))
>>> print 'The mean absolute error of uniform-weighted KNeighorRegression', mean_absolute_error(ss_y.inverse_transform(y_test), ss_y.inverse_transform(uni_knr_y_predict))
```

R-squared value of uniform-weighted KNeighorRegression: 0.690345456461
The mean squared error of uniform-weighted KNeighorRegression: 24.0110141732
The mean absolute error of uniform-weighted KNeighorRegression 2.96803149606

```
>>># 使用 R-squared、MSE 以及 MAE 三种指标对根据距离加权回归配置的 K 近邻模型在测试集上进行性能评估。
>>>print 'R-squared value of distance-weighted KNeighorRegression:', dis_knr.score(X_test, y_test)
>>> print 'The mean squared error of distance-weighted KNeighorRegression:', mean_squared_error(ss_y.inverse_transform(y_test), ss_y.inverse_transform(dis_knr_y_predict))
>>> print 'The mean absolute error of distance-weighted KNeighorRegression:', mean_absolute_error(ss_y.inverse_transform(y_test), ss_y.inverse_transform(dis_knr_y_predict))
```

```
R-squared value of distance-weighted KNeighorRegression: 0.719758997016
The mean squared error of distance-weighted KNeighorRegression: 21.7302501609
The mean absolute error of distance-weighted KNeighorRegression: 2.80505687851
```

- **特点分析**：K 近邻（回归）与 K 近邻（分类）一样，均属于无参数模型（Nonparametric model），同样没有没有参数训练过程。但是由于其模型的计算方法非常直观，因此深受广大初学者的喜爱。本节讨论了两种根据数据样本的相似程度预测回归值的方法，并且验证采用 K 近邻加权平均的回归策略可以获得较高的模型性能，供读者参考。

2.1.2.4 回归树

- **模型介绍**：回归树在选择不同特征作为分裂节点的策略上，与 2.1.1.5 决策树的思路类似。不同之处在于，回归树叶节点的数据类型不是离散型，而是连续型。决策树每个叶节点依照训练数据表现的概率倾向决定了其最终的预测类别；而回归树的叶节点却是一个个具体的值，从预测值连续这个意义上严格地讲，回归树不能称为"回归算法"。因为回归树的叶节点返回的是"一团"训练数据的均值，而不是具体的、连续的预测值。

- **编程实践**：在本节使用 Scikit-learn 中的 DecisionTreeRegressor 对"美国波士顿房价"数据进行回归预测，如代码 43 所示。

代码 43：使用回归树对美国波士顿房价训练数据进行学习，并对测试数据进行预测

```
>>> #从 sklearn.tree 中导入 DecisionTreeRegressor。
>>> from sklearn.tree import DecisionTreeRegressor
>>> #使用默认配置初始化 DecisionTreeRegressor。
>>> dtr=DecisionTreeRegressor()
>>> #用波士顿房价的训练数据构建回归树。
>>> dtr.fit(X_train, y_train)
>>> #使用默认配置的单一回归树对测试数据进行预测，并将预测值存储在变量 dtr_y_predict 中。
>>> dtr_y_predict=dtr.predict(X_test)
```

- **性能测评**：然后在代码 44 中，对默认配置的回归树在测试集上的性能做出评估。并且，该代码的输出结果优于 2.1.2.1 线性回归器一节 LinearRegression 与 SGDRegressor 的性能表现。因此，可以初步判断，"美国波士顿房价预测"问题的特征与目标值之间存在一定的非线性关系。

代码 44：对单一回归树模型在美国波士顿房价测试数据上的预测性能进行评估

```
>>> #使用R-squared、MSE以及MAE指标对默认配置的回归树在测试集上进行性能评估。
>>> print 'R-squared value of DecisionTreeRegressor:', dtr.score(X_test, y_test)
>>> print 'The mean squared error of DecisionTreeRegressor:', mean_squared_error(ss_y.inverse_transform(y_test), ss_y.inverse_transform(dtr_y_predict))
>>> print 'The mean absoluate error of DecisionTreeRegressor:', mean_absolute_error(ss_y.inverse_transform(y_test), ss_y.inverse_transform(dtr_y_predict))
R-squared value of DecisionTreeRegressor: 0.694084261863
The mean squared error of DecisionTreeRegressor: 23.7211023622
The mean absoluate error of DecisionTreeRegressor: 3.14173228346
```

- **特点分析**：在系统地介绍了决策（分类）树与回归树之后，可以总结这类树模型的优点：①树模型可以解决非线性特征的问题；②树模型不要求对特征标准化和统一量化，即数值型和类别型特征都可以直接被应用在树模型的构建和预测过程中；③因为上述原因，树模型也可以直观地输出决策过程，使得预测结果具有可解释性。

  同时，树模型也有一些显著的缺陷：①正是因为树模型可以解决复杂的非线性拟合问题，所以更加容易因为模型搭建过于复杂而丧失对新数据预测的精度（泛化力）；②树模型从上至下的预测流程会因为数据细微的更改而发生较大的结构变化，因此预测稳定性较差；③依托训练数据构建最佳的树模型是 NP 难问题，即在有限时间内无法找到最优解的问题，因此我们所使用类似贪婪算法的解法只能找到一些次优解，这也是为什么我们经常借助集成模型，在多个次优解中寻觅更高的模型性能。

2.1.2.5 集成模型（回归）

- **模型介绍**：在"2.1.1.6 集成模型（分类）"节中，曾经探讨过集成模型的大致类型和优势。这一节除了继续使用普通随机森林和提升树模型的回归器版本之外，还要补充介绍随机森林模型的另一个变种：极端随机森林（Extremely Randomized Trees）。与普通的随机森林（Random Forests）模型不同的是，极端随机森林在每当构建一棵树的分裂节点（node）的时候，不会任意地选取特征；而是先随机收集一部分特征，然后利用信息熵（Information Gain）和基尼不纯性（Gini Impurity）等指标挑选最佳的节点特征。

- **编程实践**：本节将使用 Scikit-learn 中三种集成回归模型，即 RandomForestRegressor、ExtraTreesRegressor 以及 GradientBoostingRegressor 对"美国波士顿房价"数据进行回归预测，如代码 45 所示。

代码 45：使用三种集成回归模型对美国波士顿房价训练数据进行学习，并对测试数据进行预测

```
>>> # 从 sklearn.ensemble 中导入 RandomForestRegressor、ExtraTreesGressor 以及 GradientBoostingRegressor。
>>> from sklearn.ensemble import RandomForestRegressor, ExtraTreesRegressor, GradientBoostingRegressor

>>> # 使用 RandomForestRegressor 训练模型，并对测试数据做出预测，结果存储在变量 rfr_y_predict 中。
>>> rfr=RandomForestRegressor()
>>> rfr.fit(X_train, y_train)
>>> rfr_y_predict=rfr.predict(X_test)

>>> # 使用 ExtraTreesRegressor 训练模型，并对测试数据做出预测，结果存储在变量 etr_y_predict 中。
>>> etr=ExtraTreesRegressor()
>>> etr.fit(X_train, y_train)
>>> etr_y_predict=etr.predict(X_test)

>>> # 使用 GradientBoostingRegressor 训练模型，并对测试数据做出预测，结果存储在变量 gbr_y_predict 中。
>>> gbr=GradientBoostingRegressor()
>>> gbr.fit(X_train, y_train)
>>> gbr_y_predict=gbr.predict(X_test)
```

- **性能测评**：同时，还可以使用代码 46 对上述三种集成回归模型在"波士顿房价"数据的预测能力进行评估，比较它们性能上的差异。

代码 46：对三种集成回归模型在美国波士顿房价测试数据上的回归预测性能进行评估

```
>>> # 使用 R-squared、MSE 以及 MAE 指标对默认配置的随机回归森林在测试集上进行性能评估。
```

```python
>>> print 'R-squared value of RandomForestRegressor:', rfr.score(X_test, y_test)
>>> print 'The mean squared error of RandomForestRegressor:', mean_squared_error(ss_y.inverse_transform(y_test), ss_y.inverse_transform(rfr_y_predict))
>>> print 'The mean absolute error of RandomForestRegressor:', mean_absolute_error(ss_y.inverse_transform(y_test), ss_y.inverse_transform(rfr_y_predict))
```

R-squared value of RandomForestRegressor: 0.802399786277
The mean squared error of RandomForestRegressor: 15.322176378
The mean absolute error of RandomForestRegressor: 2.37417322835

```python
>>> # 使用 R-squared、MSE 以及 MAE 指标对默认配置的极端回归森林在测试集上进行性能评估。
>>> print 'R-squared value of ExtraTreesRegessor:', etr.score(X_test, y_test)
>>> print 'The mean squared error of  ExtraTreesRegessor:', mean_squared_error(ss_y.inverse_transform(y_test), ss_y.inverse_transform(etr_y_predict))
>>> print 'The mean absolute error of ExtraTreesRegessor: ', mean_absolute_error(ss_y.inverse_transform(y_test), ss_y.inverse_transform(etr_y_predict))

>>> # 利用训练好的极端回归森林模型,输出每种特征对预测目标的贡献度。
>>> print np.sort(zip(etr.feature_importances_, boston.feature_names), axis=0)
```

R-squared value of ExtraTreesRegessor: 0.81953245067
The mean squared error of ExtraTreesRegessor: 13.9936874016
The mean absolute error of ExtraTreesRegessor: 2.35881889764

```
[['0.00197153649824' 'AGE']
 ['0.0121265798375' 'B']
 ['0.0166147338152' 'CHAS']
 ['0.0181685042979' 'CRIM']
 ['0.0216752406979' 'DIS']
 ['0.0230936940337' 'INDUS']
 ['0.0244030043403' 'LSTAT']
 ['0.0281224515813' 'NOX']
 ['0.0315825286843' 'PTRATIO']
 ['0.0455441477115' 'RAD']
 ['0.0509648681724' 'RM']
```

```
['0.355492216395' 'TAX']
['0.370240493935' 'ZN']]

>>> #使用 R-squared、MSE 以及 MAE 指标对默认配置的梯度提升回归树在测试集上进行性能
评估。
>>> print 'R-squared value of GradientBoostingRegressor:', gbr.score(X_test, y_test)
>>> print 'The mean squared error of GradientBoostingRegressor:', mean_squared_error(ss_y.inverse_transform(y_test), ss_y.inverse_transform(gbr_y_predict))
>>> print 'The mean absolute error of GradientBoostingRegressor:', mean_absolute_error(ss_y.inverse_transform(y_test), ss_y.inverse_transform(gbr_y_predict))

R-squared value of GradientBoostingRegressor: 0.842602871434
The mean squared error of GradientBoostingRegressor: 12.2047771094
The mean absolute error of GradientBoostingRegressor: 2.28597618665
```

- **特点分析**：许多在业界从事商业分析系统开发和搭建的工作者更加青睐集成模型，并且经常以这些模型的性能表现为基准，与新设计的其他模型性能进行比对。虽然这些集成模型在训练过程中要耗费更多的时间，但是往往可以提供更高的表现性能和更好的稳定性。

若是对我们在"2.1.2 回归预测"节所有介绍过的模型在"美国波士顿房价预测"问题上的性能进行排序比较，也可以发现使用非线性回归树模型，特别是集成模型，能够取得更高的性能表现，如表 2-1 所示。

表 2-1　多种经典回归模型在"美国波士顿房价预测"问题的回归预测能力排名

Rank	Regressors	R-squared	MSE	MAE
1	GradientBoostingRegressor	0.8426	12.20	2.29
2	ExtraTreesRegressor	0.8195	13.99	2.36
3	RandomForestRegressor	0.8024	15.32	2.37
4	SVM Regressor(RBF Kernel)	0.7564	18.89	2.61
5	KNN Regressor (Distance-weighted)	0.7198	21.73	2.81
6	DecisionTreeRegressor	0.6941	23.72	3.14
7	KNN Regressor (Uniform-weighted)	0.6903	24.01	2.97

续表

Rank	Regressors	R-squared	MSE	MAE
8	LinearRegression	0.6763	25.10	3.53
9	SGDRegressor	0.6599	26.38	3.55
10	SVM Regressor (Linear Kernel)	0.6517	27.76	3.57
11	SVM Regressor (Poly Kernel)	0.4045	46.18	3.75

2.2 无监督学习经典模型

无监督学习(Unsupervised Learning)着重于发现数据本身的分布特点。与监督学习(Supervised Learning)不同,无监督学习不需要对数据进行标记。这样,在节省大量人工的同时,也让可以利用的数据规模变得不可限量。

从功能角度讲,无监督学习模型可以帮助我们发现数据的"群落"(2.2.1 数据聚类),同时也可以寻找"离群"的样本;另外,对于特征维度非常高的数据样本,我们同样可以通过无监督的学习对数据进行降维(2.2.2 特征降维),保留最具有区分性的低维度特征。这些都是在海量数据处理中是非常实用的技术。

2.2.1 数据聚类

数据聚类是无监督学习的主流应用之一。最为经典并且易用的聚类模型,当属 K 均值(K-means)算法。该算法要求我们预先设定聚类的个数,然后不断更新聚类中心;经过几轮这样的迭代,最后的目标就是要让所有数据点到其所属聚类中心距离的平方和趋于稳定。

2.2.1.1 K 均值算法

- **模型介绍**:这是在数据聚类中是最经典的,也是相对容易理解的模型。算法执行的过程分为 4 个阶段,如图 2-10 所示:①首先,随机布设 K 个特征空间内的点作为初始的聚类中心;②然后,对于根据每个数据的特征向量,从 K 个聚类中心中寻找距离最近的一个,并且把该数据标记为从属于这个聚类中心;③接着,在所有的数据都被标记过聚类中心之后,根据这些数据新分配的类簇,重新对 K 个聚类中心做计算;④如果一轮下来,所有的数据点从属的聚类中心与上一次的分配的类簇没有变化,那么迭代可以停止;否则回到步骤②继续循环。

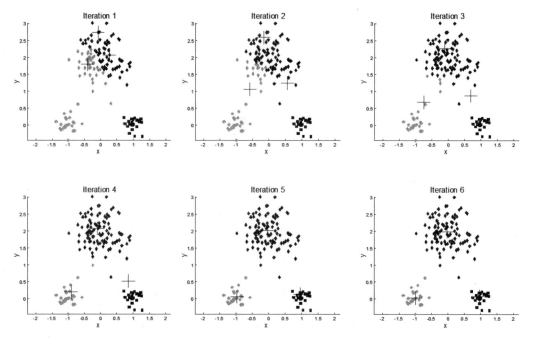

图 2-10　K-means 算法迭代过程示例，图片摘自于互联网①（见彩图）

- **数据描述**："2.1.1.2 支持向量机（分类）"节曾经使用了手写体数字图像数据。只是，Scikit-learn 内部集成的仅仅是原数据集合的一部分。在本节，我们将使用这份手写体数字图像数据的完整版本。读者可以通过下面这个链接访问该数据集：https://archive.ics.uci.edu/ml/machine-learning-databases/optdigits/。我们节选了部分有价值的数据描述，并展示如下：

```
1. Title of Database: Optical Recognition of Handwritten Digits
5. Number of Instances
    optdigits.tra    Training    3823
    optdigits.tes    Testing     1797

The way we used the dataset was to use half of training for
actual training, one-fourth for validation and one-fourth
for writer-dependent testing. The test set was used for
writer-independent testing and is the actual quality measure.
```

---

① https://sites.google.com/site/myecodriving/k-means-ju-lei-fen-xi

6. Number of Attributes
    64 input+ 1 class attribute

7. For Each Attribute:
    All input attributes are integers in the range 0..16.
    The last attribute is the class code 0..9

8. Missing Attribute Values
    None

9. Class Distribution
    Class: No of examples in training set
    0: 376
    1: 389
    2: 380
    3: 389
    4: 387
    5: 376
    6: 377
    7: 387
    8: 380
    9: 382

    Class: No of examples in testing set
    0: 178
    1: 182
    2: 177
    3: 183
    4: 181
    5: 182
    6: 181
    7: 179
    8: 174
    9: 180

由上面的数据描述,我们可以知道完整的手写体数字图像分为两个数据集合。其中,训练数据样本3823条,测试数据1797条;图像数据通过8×8的像素矩阵表示,共有64

个像素维度;1个目标维度用来标记每个图像样本代表的数字类别。该数据没有缺失的特征值,并且不论是训练还是测试样本,在数字类别方面都采样得非常平均,是一份非常规整的数据集。

- **编程实践**:下面就通过代码47对这份数据的图像特征进行K-means聚类示例。

代码47:K-means算法在手写体数字图像数据上的使用示例

```
>>> # 分别导入numpy,matplotlib以及pandas,用于数学运算、作图以及数据分析。
>>> import numpy as np
>>> import matplotlib.pyplot as plt
>>> import pandas as pd

>>> # 使用pandas分别读取训练数据与测试数据集。
>>> digits_train = pd.read_csv('https://archive.ics.uci.edu/ml/machine-learning-databases/optdigits/optdigits.tra', header=None)
>>> digits_test=pd.read_csv('https://archive.ics.uci.edu/ml/machine-learning-databases/optdigits/optdigits.tes', header=None)

>>> # 从训练与测试数据集上都分离出64维度的像素特征与1维度的数字目标。
>>> X_train=digits_train[np.arange(64)]
>>> y_train=digits_train[64]

>>> X_test=digits_test[np.arange(64)]
>>> y_test=digits_test[64]

>>> # 从sklearn.cluster中导入KMeans模型。
>>> from sklearn.cluster import KMeans

>>> # 初始化KMeans模型,并设置聚类中心数量为10。
>>> kmeans=KMeans(n_clusters=10)
>>> kmeans.fit(X_train)
>>> # 逐条判断每个测试图像所属的聚类中心。
>>> y_pred=kmeans.predict(X_test)
```

- **性能测评**:也许有些读者会困惑于如何评估聚类算法的性能,特别是应用在没有标注类别的数据集上的时候。针对不同的数据特点,这里作者提供两种方式。

(1)如果被用来评估的数据本身带有正确的类别信息,那么就如代码48一样使用Adjusted Rand Index(ARI)。ARI指标与分类问题中计算准确性(Accuracy)的方法类似,同时也兼顾到了类簇无法和分类标记一一对应的问题。

代码 48：使用 ARI 进行 K-means 聚类性能评估

```
>>> #从 sklearn 导入度量函数库 metrics。
>>> from sklearn import metrics
>>> #使用 ARI 进行 KMeans 聚类性能评估。
>>> print metrics.adjusted_rand_score(y_test, y_pred)
0.665144851397
```

（2）如果被用于评估的数据没有所属类别,那么我们习惯使用轮廓系数（Silhouette Coefficient）来度量聚类结果的质量。轮廓系数同时兼顾了聚类的凝聚度（Cohesion）和分离度（Separation）,用于评估聚类的效果并且取值范围为[-1,1]。轮廓系数值越大,表示聚类效果越好。具体的计算步骤如下：①对于已聚类数据中第 i 个样本 x^i,计算 x^i 与其同一个类簇内的所有其他样本距离的平均值,记作 a^i,用于量化簇内的凝聚度（Cohesion）；②选取 x^i 外的一个簇 b,计算 x^i 与簇 b 中所有样本的平均距离,遍历所有其他簇,找到最近的这个平均距离,记作 b^i,用于量化簇之间分离度（Separation）；③对于样本 x^i,轮廓系数为 $sc^i = \dfrac{b^i - a^i}{\max(b^i, a^i)}$；④最后对所有样本 X 求出平均值即为当前聚类结果的整体轮廓系数。由轮廓系数的计算公式,不难发现：如果 sc^i 小于 0,说明 x^i 与其簇内元素的平均距离大于最近的其他簇,表示聚类效果不好；如果 a^i 趋于 0,或者 b^i 足够大,那么 sc^i 趋近与 1,说明聚类效果比较好。为了进一步形象地说明轮廓系数与聚类效果的关系,使用代码 49 对一组简单的数据进行分析。

代码 49：利用轮廓系数评价不同类簇数量的 K-means 聚类实例

```
>>> #导入 numpy。
>>> import numpy as np
>>> #从 sklearn.cluster 中导入 KMeans 算法包。
>>> from sklearn.cluster import KMeans
>>> #从 sklearn.metrics 导入 silhouette_score 用于计算轮廓系数。
>>> from sklearn.metrics import silhouette_score
>>> import matplotlib.pyplot as plt

>>> #分割出 3*2=6 个子图,并在 1 号子图作图。
>>> plt.subplot(3,2,1)
```

```python
>>> #初始化原始数据点。
>>> x1=np.array([1, 2, 3, 1, 5, 6, 5, 5, 6, 7, 8, 9, 7, 9])
>>> x2=np.array([1, 3, 2, 2, 8, 6, 7, 6, 7, 1, 2, 1, 1, 3])
>>> X=np.array(zip(x1, x2)).reshape(len(x1), 2)

>>> #在1号子图做出原始数据点阵的分布。
>>> plt.xlim([0, 10])
>>> plt.ylim([0, 10])
>>> plt.title('Instances')
>>> plt.scatter(x1, x2)

>>> colors=['b', 'g', 'r', 'c', 'm', 'y', 'k', 'b']
>>> markers=['o', 's', 'D', 'v', '^', 'p', '*', '+']

>>> clusters=[2, 3, 4, 5, 8]
>>> subplot_counter=1
>>> sc_scores=[]
>>> for t in clusters:
>>>     subplot_counter + =1
>>>     plt.subplot(3, 2, subplot_counter)
>>>     kmeans_model=KMeans(n_clusters=t).fit(X)

>>>     for i, l in enumerate(kmeans_model.labels_):
>>>         plt.plot(x1[i], x2[i], color=colors[l], marker=markers[l], ls='None')

>>>     plt.xlim([0, 10])
>>>     plt.ylim([0, 10])
>>>     sc_score=silhouette_score(X, kmeans_model.labels_, metric='euclidean')
>>>     sc_scores.append(sc_score)

>>> #绘制轮廓系数与不同类簇数量的直观显示图。
>>>     plt.title('K=%s, silhouette coefficient=%0.03f' % (t, sc_score))

>>> #绘制轮廓系数与不同类簇数量的关系曲线。
>>> plt.figure()
```

```
>>>plt.plot(clusters, sc_scores, '*-')
>>>plt.xlabel('Number of Clusters')
>>>plt.ylabel('Silhouette Coefficient Score')

>>>plt.show()
```

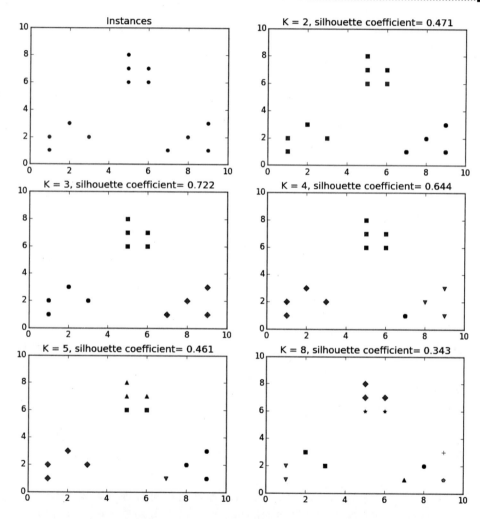

图 2-11　利用轮廓系数评价不同类簇数量的 K-means 聚类结果示例（见彩图）

从代码 49 所输出的图 2-12，我们得知当聚类中心数量为 3 的时候，轮廓系数最大；此

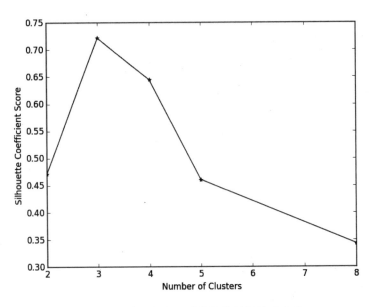

图 2-12　轮廓系数与不同类簇数量的关系曲线

时，我们从图 2-11 也可以观察到聚类中心数量为 3 也符合数据的分布特点，的确是相对较为合理的类簇数量。

- **特点分析**：K-means 聚类模型所采用的迭代式算法，直观易懂并且非常实用。只是有两大缺陷：① 容易收敛到局部最优解；② 需要预先设定簇的数量。

首先解释什么叫做局部最优解。假设图 2-13 左侧为实际数据以及正确的所属类簇。如果聚类算法可以收敛至全局最优解，那么三个类簇的聚类中心应如右侧 Global Optimum 所示，聚类结果同正确结果一致。但是，K-means 算法无法保证能够使得三个类簇的中心迭代至上述的全局最优解。相反很有可能受到随机初始类簇中心点位置的影响，最终迭代到如右侧 Local Optimum 所示的两种情况而收敛。这样便导致无法继续更新聚类中心，使得聚类结果与正确结果又很大出入。这是算法自身的理论缺陷所造成的，无法轻易地从模型设计上弥补；却可以通过执行多次 K-means 算法来挑选性能表现更好的初始中心点，这样的工程方法代替。

然后，我们介绍一种"肘部"观察法用于粗略地预估相对合理的类簇个数。因为 K-means 模型最终期望所有数据点到其所属的类簇距离的平方和趋于稳定，所以我们可以通过观察这个数值随着 K 的走势来找出最佳的类簇数量。理想条件下，这个折线在不断下降并且趋于平缓的过程中会有斜率的拐点，同时意味着从这个拐点对应的 K 值开始，

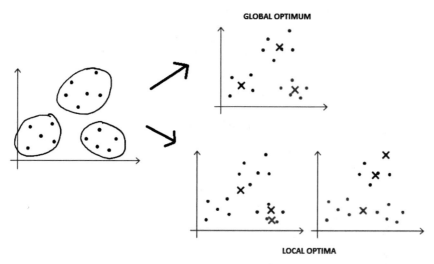

图 2-13 K-means 算法选全局最优解与局部最优解的比较，图片摘自于互联网[①]（见彩图）

类簇中心的增加不会过于破坏数据聚类的结构。以代码 50 为例，如图 2-14 所示随机采样

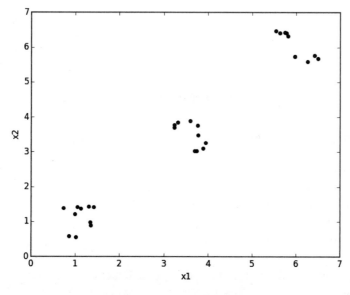

图 2-14 3 个簇的数据样本

---

① http://www.cnblogs.com/python27/p/MachineLearningWeek08.html

三个类簇的数据点。通过图 2-15 发现，类簇数量为 1 或 2 的时候，样本距所属类簇的平均距离的下降速度很快，这说明更改 K 值会让整体聚类结构有很大改变，也意味着新的聚类数量让算法有更大的收敛空间，这样的 K 值不能反映真实的类簇数量。而当 $K=3$ 时，平均距离的下降速度有了显著放缓，这意味着进一步增加 K 值不再会有利于算法的收敛，也同时暗示着 $K=3$ 是相对最佳的类簇数量。

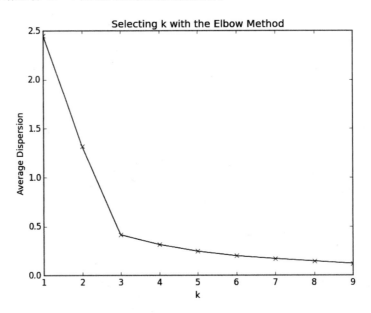

图 2-15 "肘部"观察平均距离与类簇数量的关系

代码 50："肘部"观察法示例

```
>>> #导入必要的工具包。
>>> import numpy as np
>>> from sklearn.cluster import KMeans
>>> from scipy.spatial.distance import cdist
>>> import matplotlib.pyplot as plt

>>> #使用均匀分布函数随机三个簇，每个簇周围10个数据样本。
>>> cluster1=np.random.uniform(0.5, 1.5, (2, 10))
>>> cluster2=np.random.uniform(5.5, 6.5, (2, 10))
>>> cluster3=np.random.uniform(3.0, 4.0, (2, 10))
```

```
>>>#绘制30个数据样本的分布图像。
>>>X=np.hstack((cluster1, cluster2, cluster3)).T
>>>plt.scatter(X[:,0], X[:, 1])
>>>plt.xlabel('x1')
>>>plt.ylabel('x2')
>>>plt.show()


>>>#测试9种不同聚类中心数量下,每种情况的聚类质量,并作图。
>>>K= range(1, 10)
>>>meandistortions=[]

>>>for k in K:
>>>    kmeans=KMeans(n_clusters=k)
>>>    kmeans.fit(X)
>>>    meandistortions.append(sum(np.min(cdist(X, kmeans.cluster_centers_,
'euclidean'), axis=1))/X.shape[0])

>>>plt.plot(K, meandistortions, 'bx-')
>>>plt.xlabel('k')
>>>plt.ylabel('Average Dispersion')
>>>plt.title('Selecting k with the Elbow Method')
>>>plt.show()
```

2.2.2 特征降维

特征降维是无监督学习的另一个应用,目的有二:其一,我们会经常在实际项目中遭遇特征维度非常之高的训练样本,而往往又无法借助自己的领域知识人工建构有效特征;其二,在数据表现方面,我们无法用肉眼观测超过三个维度的特征。因此,特征降维不仅重构了有效的低维度特征向量,同时也为数据展现提供了可能。在特征降维的方法中,主成分分析(Principal Component Analysis)是最为经典和实用的特征降维技术,特别在辅助图像识别方面有突出的表现。

2.2.2.1 主成分分析

- **模型介绍**:首先我们思考两个小例子,这也是作者经常用来向周围朋友解释降低维度、信息冗余和PCA功能的。

如代码51所示,我们有一组2×2的数据[[1, 2], [2, 4]]。假设这两个数据都反映到一个类别(分类)或者一个类簇(聚类)。如果我们的学习模型是线性模型,那么这两个数据其实只能帮助权重参数更新一次,因为他们线性相关,所有的特征数值都只是扩张了相同的倍数;如果使用PCA分析的话,这个矩阵的"秩"是1,也就是说,在多样性程度上,这个矩阵只有一个自由度。

代码51:线性相关矩阵秩计算样例

```
>>> #导入numpy工具包。
>>> import numpy as np
>>> #初始化一个2*2的线性相关矩阵。
>>> M=np.array([[1, 2], [2, 4]])
>>> #计算2*2线性相关矩阵的秩。
>>> np.linalg.matrix_rank(M, tol=None)
1
```

再比如,图2-16所示的几张花洒图片。是试图把三维物体重新映射在二维照片的过程。在这个过程中,可以有无数种映射的角度。但是,我们可以通过肉眼判断出,最后一张的角度最为合适也最容易分辨。

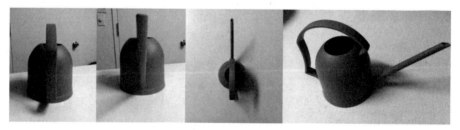

图2-16 花洒多角度照片,分别是从后、前、上,以及最适合角度拍摄,图片摘自参考文献[8]

其实,我们也可以把PCA当作特征选择,只是和普通理解的不同,这种特征选择是首先把原来的特征空间做了映射,使得新的映射后特征空间数据彼此正交。这样一来,我们通过主成分分析就尽可能保留下具备区分性的低维数据特征。

- **数据描述**:本节我们依然沿用上一节使用的"手写体数字图像"全集数据。因为之前我们已经对这个数据集中训练、测试样本的数量,图像的数码维度做了介绍,这里便不再赘述。而是从主成分分析技术方便展示数据的角度出发,为读者朋友显示经过PCA处理之后,这些数字图像映射在二维空间的分布情况,如图2-17所示。尽管我们把原始六十四维度的图像压缩到只有二个维度的特征空间,依然可以发现绝大多数数字之间的区分性,详细过程请见代码52。

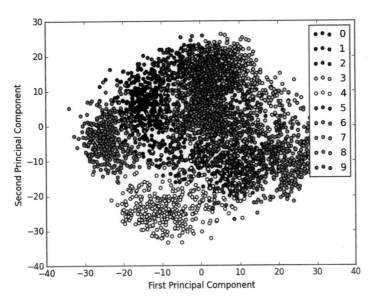

图 2-17　手写体数字图像经 PCA 压缩后的二维空间分布（见彩图）

代码 52：显示手写体数字图片经 PCA 压缩后的二维空间分布

```
>>> # 导入 pandas 用于数据读取和处理。
>>> import pandas as pd

>>> # 从互联网读入手写体图片识别任务的训练数据，存储在变量 digits_train 中。
>>> digits_train = pd.read_csv('https://archive.ics.uci.edu/ml/machine-learning-databases/optdigits/optdigits.tra', header=None)

>>> # 从互联网读入手写体图片识别任务的测试数据，存储在变量 digits_test 中。
>>> digits_test=pd.read_csv('https://archive.ics.uci.edu/ml/machine-learning-databases/optdigits/optdigits.tes', header=None)

>>> # 分割训练数据的特征向量和标记。
>>> X_digits=digits_train[np.arange(64)]
>>> y_digits=digits_train[64]

>>> # 从 sklearn.decomposition 导入 PCA。
```

```
>>> from sklearn.decomposition import PCA

>>> #初始化一个可以将高维度特征向量(六十四维)压缩至二个维度的PCA。
>>> estimator=PCA(n_components=2)
>>> X_pca=estimator.fit_transform(X_digits)

>>> #显示10类手写体数字图片经PCA压缩后的2维空间分布。
>>> from matplotlib import pyplot as plt

>>> def plot_pca_scatter():
>>>     colors=['black', 'blue', 'purple', 'yellow', 'white', 'red', 'lime', 'cyan', 'orange', 'gray']

>>>     for i in xrange(len(colors)):
>>>         px=X_pca[:, 0][y_digits.as_matrix() ==i]
>>>         py=X_pca[:, 1][y_digits.as_matrix()==i]
>>>         plt.scatter(px, py, c=colors[i])

>>>     plt.legend(np.arange(0,10).astype(str))
>>>     plt.xlabel('First Principal Component')
>>>     plt.ylabel('Second Principal Component')
>>>     plt.show()

>>> plot_pca_scatter()
```

- **编程实践**：我们在"2.1.1.2 支持向量机(分类)"节使用支持向量机分类模型对手写体数字图像进行识别,并取得了很好的预测性能。当时,我们使用了全部 8×8 $=64$ 维度的图像像素特征对模型进行训练。这一节,我们通过代码53,分别训练两个以支持向量机(分类)为基础的手写体数字图像识别模型,其中一个模型使用原始六十四维度的像素特征,另一个采用经过PCA压缩重建之后的低维特征。

代码53：使用原始像素特征和经PCA压缩重建的低维特征,在相同配置的支持向量机(分类)模型上分别进行图像识别

```
>>> #对训练数据、测试数据进行特征向量(图片像素)与分类目标的分隔。
>>> X_train=digits_train[np.arange(64)]
>>> y_train=digits_train[64]
```

```
>>>X_test=digits_test[np.arange(64)]
>>>y_test=digits_test[64]

>>>#导入基于线性核的支持向量机分类器。
>>>from sklearn.svm import LinearSVC

>>>#使用默认配置初始化LinearSVC,对原始六十四维像素特征的训练数据进行建模,并在测
试数据上做出预测,存储在y_predict中。
>>>svc=LinearSVC()
>>>svc.fit(X_train, y_train)
>>>y_predict=svc.predict(X_test)

>>>#使用PCA将原六十四维的图像数据压缩到20个维度。
>>>estimator=PCA(n_components=20)

>>>#利用训练特征决定(fit)20个正交维度的方向,并转化(transform)原训练特征。
>>>pca_X_train=estimator.fit_transform(X_train)
>>>#测试特征也按照上述的20个正交维度方向进行转化(transform)。
>>>pca_X_test=estimator.transform(X_test)

>>>#使用默认配置初始化LinearSVC,对压缩过后的二十维特征的训练数据进行建模,并在测
试数据上做出预测,存储在pca_y_predict中。
>>>pca_svc=LinearSVC()
>>>pca_svc.fit(pca_X_train, y_train)
>>>pca_y_predict=pca_svc.predict(pca_X_test)
```

- **性能测评**:代码54将对比原始维度特征与经过PCA压缩重建之后的图像特征,在相同配置的支持向量机(分类)模型上识别性能的差异。

代码54:原始像素特征与PCA压缩重建的低维特征,在相同配置的支持向量机(分类)模型上识别性能的差异

```
>>>#从sklearn.metrics导入classification_report用于更加细致的分类性能分析。
>>>from sklearn.metrics import classification_report

>>>#对使用原始图像高维像素特征训练的支持向量机分类器的性能作出评估。
>>>print svc.score(X_test, y_test)
```

```
>>> print classification_report(y_test, y_predict, target_names = np.arange
(10).astype(str))

>>> #对使用PCA压缩重建的低维图像特征训练的支持向量机分类器的性能作出评估。
>>> print pca_svc.score(pca_X_test, y_test)

>>> print classification_report(y_test, pca_y_predict, target_names=np.arange
(10).astype(str))
```

```
0.930996104619
             precision    recall  f1-score   support

          0       0.99      0.98      0.99       178
          1       0.94      0.84      0.89       182
          2       0.99      0.97      0.98       177
          3       0.97      0.92      0.94       183
          4       0.95      0.97      0.96       181
          5       0.89      0.96      0.93       182
          6       0.99      0.98      0.99       181
          7       0.98      0.90      0.94       179
          8       0.78      0.91      0.84       174
          9       0.86      0.89      0.87       180

avg / total       0.93      0.93      0.93      1797

0.909293266555
             precision    recall  f1-score   support

          0       0.96      0.96      0.96       178
          1       0.78      0.85      0.82       182
          2       0.96      0.98      0.97       177
          3       0.99      0.89      0.94       183
          4       0.95      0.92      0.93       181
          5       0.84      0.97      0.90       182
          6       0.96      0.97      0.96       181
          7       0.93      0.92      0.93       179
          8       0.83      0.83      0.83       174
          9       0.92      0.82      0.86       180

avg / total       0.91      0.91      0.91      1797
```

我们从代码54的输出中发现,尽管经过PCA特征压缩和重建之后的特征数据会损失2%左右的预测准确性,但是相比于原始数据六十四维度的特征而言,我们却使用PCA压缩并且降低了68.75%的维度。

- **特点分析**:降维/压缩问题则是选取数据具有代表性的特征,在保持数据多样性(Variance)的基础上,规避掉大量的特征冗余和噪声,不过这个过程也很有可能会损失一些有用的模式信息。经过大量的实践证明,相较于损失的少部分模型性能,维度压缩能够节省大量用于模型训练的时间。这样一来,使得PCA所带来的模型综合效率变得更为划算。

2.3 章末小结

作为全书的基础与核心章节之一,笔者希望各位读者朋友在阅读完本章后,能够对经典机器学习模型的种类和各自特性有所了解。

在模型种类方面,我们希望读者朋友可以回答如下问题:

(1) 机器学习模型按照可使用的数据类型,可以分为哪些类别?

(2) 常见的监督学习与无监督学习的模型都有哪些?

就模型特性而言,我们希望大家可以总结和归纳:

(1) 各个模型分别基于哪些数学假设?

(2) 各个模型适合处理哪类数据?

(3) 每个模型在使用方面的优缺点有哪些?

(4) 常见的用于评估各个模型的性能指标以及计算方法是怎样的?

如果读者不仅可以回答上述问题,并且能够独立实践本章的代码,那么您已经初步具备了实践机器学习经典模型的知识及能力,期待大家学习愉快。本章所有数据与代码示例都可以通过此链接 http://pan.baidu.com/s/1dENAUTr 以及 http://pan.baidu.com/s/1kVo3fr5 下载。

第 3 章

进 阶 篇

在第 2 章中，我们向读者介绍了大量经典的机器学习模型，并且使用 Python 编程语言分析这些模型在许多不同现实数据上的性能表现。然而，细心的读者在深入研究这些数据或者查阅 Scikit-learn 的文档之后就会发现：所有我们在第 2 章中使用过的数据几乎都经过了规范化处理，而且模型也大多只是采用了默认的初始化配置。换言之，尽管我们可以使用经过处理之后的数据，在默认配置下学习到一套用以拟合这些数据的参数，并且使用这些参数和默认配置取得一些看似良好的性能表现；但是我们仍然无法回答几个最为关键的问题：实际研究和工作中接触到的数据都是这样规整的吗？难道这些默认配置就是最佳的么？我们的模型性能是否还有提升的空间？本章"3.1 模型使用技巧"节将会帮助读者朋友解答上述疑问。阅读完这一节，相信各位读者朋友就会掌握如何通过抽取或者筛选数据特征、优化模型配置，进一步提升经典模型的性能表现。

然而，随着近些年机器学习研究与应用的快速发展，经典模型渐渐无法满足日益增长的数据量和复杂的数据分析需求。因此，越来越多更加高效而且强力的学习模型以及对应的程序库正逐渐被设计和编写，并慢慢被科研圈和工业界所广泛接受与采用。这些模型和程序库包括：用于自然语言处理的 NLTK 程序包；词向量技术 Word2Vec；能够提供强大预测能力的 XGBoost 模型，以及 Google 发布的用于深度学习的 Tensorflow 框架等等。更加令人振奋的是，上述这些最为流行的程序库和模型，不但提供了 Python 的编程接口 API，而且有些成为 Python 编程语言的工具包，更是方便了我们后续的学习和使用。因此，在"3.2 流行库/模型实践"节将会带领各位读者一同领略这些时下最为流行的程序库和新模型的奥妙。

 3.1 模型实用技巧

这一节将向读者朋友传授一系列更加偏向于实战的模型使用技巧。相信各位读者在第 2 章中品味了多个经典的机器学习模型之后，就会发现：一旦我们确定使用某个模型，本书所提供的程序库就可以帮助我们从标准的训练数据中,依靠默认的配置学习到模型所需要的参数(Parameters);接下来,我们便可以利用这组得来的参数指导模型在测试数据集上进行预测,进而对模型的表现性能进行评价。

但是,这套方案并不能保证:(1)所有用于训练的数据特征都是最好的;(2)学习得到的参数一定是最优的;(3)默认配置下的模型总是最佳的。也就是说,我们可以从多个角度对在前面所使用过的模型进行性能提升。本节将向大家介绍多种提升模型性能的方式,包括如何预处理数据、控制参数训练以及优化模型配置等方法。

3.1.1 特征提升

早期机器学习的研究与应用,受模型种类和运算能力的限制。因此,大部分研发人员把更多的精力放在对数据的预处理上。他们期望通过对数据特征的抽取或者筛选来达到提升模型性能的目的。所谓特征抽取,就是逐条将原始数据转化为特征向量的形式,这个过程同时涉及对数据特征的量化表示;而特征筛选则更进一步,在高维度、已量化的特征向量中选择对指定任务更有效的特征组合,进一步提升模型性能。

3.1.1.1 特征抽取

原始数据的种类有很多种,除了数字化的信号数据(声纹、图像),还有大量符号化的文本。然而,我们无法直接将符号化的文字本身用于计算任务,而是需要通过某些处理手段,预先将文本量化为特征向量。

有些用符号表示的数据特征已经相对结构化,并且以字典这种数据结构进行存储。这时,我们使用 DictVectorizer 对特征进行抽取和向量化。比如下面的代码 55。

代码 55:DictVectorizer 对使用字典存储的数据进行特征抽取与向量化

```
>>> #定义一组字典列表,用来表示多个数据样本(每个字典代表一个数据样本)。
>>> measurements=[{'city': 'Dubai', 'temperature': 33.}, {'city': 'London', 'temperature': 12.}, {'city': 'San Fransisco', 'temperature': 18.}]
>>> #从 sklearn.feature_extraction 导入 DictVectorizer
>>> from sklearn.feature_extraction import DictVectorizer
>>> #初始化 DictVectorizer 特征抽取器
>>> vec=DictVectorizer()
>>> #输出转化之后的特征矩阵。
>>> print vec.fit_transform(measurements).toarray()
>>> #输出各个维度的特征含义。
>>> print vec.get_feature_names()
```

```
[[  1.   0.   0.  33.]
 [  0.   1.   0.  12.]
 [  0.   0.   1.  18.]]
['city=Dubai', 'city=London', 'city=San Fransisco', 'temperature']
```

从代码 55 的输出可以看到：在特征向量化的过程中，DictVectorizer 对于类别型（Categorical）与数值型（Numerical）特征的处理方式有很大差异。由于类别型特征无法直接数字化表示，因此需要借助原特征的名称，组合产生新的特征，并采用 0/1 二值方式进行量化；而数值型特征的转化则相对方便，一般情况下只需要维持原始特征值即可。

另外一些文本数据则表现得更为原始，几乎没有使用特殊的数据结构进行存储，只是一系列字符串。我们处理这些数据，比较常用的文本特征表示方法为词袋法（Bag of Words）：顾名思义，不考虑词语出现的顺序，只是将训练文本中的每个出现过的词汇单独视作一列特征。我们称这些不重复的词汇集合为词表（Vocabulary），于是每条训练文本都可以在高维度的词表上映射出一个特征向量。而特征数值的常见计算方式有两种，分别是：CountVectorizer 和 TfidfVectorizer。对于每一条训练文本，CountVectorizer 只考虑每种词汇（Term）在该条训练文本中出现的频率（Term Frequency）。而 TfidfVectorizer 除了考量某一词汇在当前文本中出现的频率（Term Frequency）之外，同时关注包含这个词汇的文本条数的倒数（Inverse Document Frequency）。相比之下，训练文本的条目越多，TfidfVectorizer 这种特征量化方式就更有优势。因为我们计算词频（Term Frequency）的目的在于找出对所在文本的含义更有贡献的重要词汇。然而，如果一个词汇几乎在每篇文本中出现，说明这是一个常用词汇，反而不会帮助模型对文本的分类；在训练文本量较多的时候，利用 TfidfVectorizer 压制这些常用词汇的对分类决策的干扰，往往可以起到提升模型性能的作用。

我们通常称这些在每条文本中都出现的常用词汇为停用词（Stop Words），如英文中的 the、a 等。这些停用词在文本特征抽取中经常以黑名单的方式过滤掉，并且用来提高模型的性能表现。下面的代码让我们重新对"20 类新闻文本分类"问题进行分析处理，这一次的重点在于列举上述两种文本特征量化模型的使用方法，并比较他们的性能差异。

代码 56：使用 CountVectorizer 并且不去掉停用词的条件下，对文本特征进行量化的朴素贝叶斯分类性能测试

```
>>> #从sklearn.datasets里导入20类新闻文本数据抓取器。
>>> from sklearn.datasets import fetch_20newsgroups
>>> #从互联网上即时下载新闻样本,subset='all'参数代表下载全部近2万条文本存储在变
```

量 news 中。
```
>>>news=fetch_20newsgroups(subset='all')

>>>#从sklearn.cross_validation导入train_test_split模块用于分割数据集。
>>>from sklearn.cross_validation import train_test_split
>>>#对news中的数据data进行分割,25%的文本用作测试集;75%作为训练集。
>>>X_train, X_test, y_train, y_test=train_test_split(news.data, news.target, test_size=0.25, random_state=33)

>>>#从sklearn.feature_extraction.text里导入CountVectorizer
>>>from sklearn.feature_extraction.text import CountVectorizer
>>>#采用默认的配置对CountVectorizer进行初始化(默认配置不去除英文停用词),并且赋值给变量count_vec。
>>>count_vec=CountVectorizer()

>>>#只使用词频统计的方式将原始训练和测试文本转化为特征向量。
>>>X_count_train=count_vec.fit_transform(X_train)
>>>X_count_test=count_vec.transform(X_test)

>>>#从sklearn.naive_bayes里导入朴素贝叶斯分类器。
>>>from sklearn.naive_bayes import MultinomialNB
>>>#使用默认的配置对分类器进行初始化。
>>>mnb_count=MultinomialNB()
>>>#使用朴素贝叶斯分类器,对CountVectorizer(不去除停用词)后的训练样本进行参数学习。
>>>mnb_count.fit(X_count_train, y_train)

>>>#输出模型准确性结果。
>>>print ' The accuracy of classifying 20newsgroups using Naive Bayes (CountVectorizer without filtering stopwords):', mnb_count.score(X_count_test, y_test)
>>>#将分类预测的结果存储在变量y_count_predict中。
>>>y_count_predict=mnb_count.predict(X_count_test)
>>>#从sklearn.metrics导入classification_report。
>>>from sklearn.metrics import classification_report
>>>#输出更加详细的其他评价分类性能的指标。
>>>print classification_report(y_test, y_count_predict, target_names=news.target_names)
```

```
The accuracy of classifying 20newsgroups using Naive Bayes (CountVectorizer
without filtering stopwords): 0.839770797963
                         precision    recall   f1-score   support

             alt.atheism      0.86      0.86      0.86       201
           comp.graphics      0.59      0.86      0.70       250
 comp.os.ms-windows.misc      0.89      0.10      0.17       248
comp.sys.ibm.pc.hardware      0.60      0.88      0.72       240
   comp.sys.mac.hardware      0.93      0.78      0.85       242
          comp.windows.x      0.82      0.84      0.83       263
            misc.forsale      0.91      0.70      0.79       257
               rec.autos      0.89      0.89      0.89       238
         rec.motorcycles      0.98      0.92      0.95       276
      rec.sport.baseball      0.98      0.91      0.95       251
        rec.sport.hockey      0.93      0.99      0.96       233
               sci.crypt      0.86      0.98      0.91       238
         sci.electronics      0.85      0.88      0.86       249
                 sci.med      0.92      0.94      0.93       245
               sci.space      0.89      0.96      0.92       221
  soc.religion.christian      0.78      0.96      0.86       232
      talk.politics.guns      0.88      0.96      0.92       251
   talk.politics.mideast      0.90      0.98      0.94       231
      talk.politics.misc      0.79      0.89      0.84       188
      talk.religion.misc      0.93      0.44      0.60       158

             avg / total      0.86      0.84      0.82      4712
```

从上面代码的输出，我们可以知道，使用 CountVectorizer 在不去掉停用词的条件下，对训练和测试文本进行特征量化，并利用默认配置的朴素贝叶斯分类器，在测试文本上可以得到 83.977% 的预测准确性。而且，平均精度、召回率和 F1 指标，分别是 0.86、0.84 以及 0.82。

接下来，让我们使用与代码 56 相同的训练和测试数据，在不去掉停用词的条件下利用 TfidfVectorizer 进行特征量化，并且评估模型性能。

代码 57：使用 TfidfVectorizer 并且不去掉停用词的条件下，对文本特征进行量化的朴素贝叶斯分类性能测试

```
>>> #从 sklearn.feature_extraction.text 里分别导入 TfidfVectorizer。
```

```
>>> from sklearn.feature_extraction.text import TfidfVectorizer
>>> #采用默认的配置对TfidfVectorizer进行初始化(默认配置不去除英文停用词),并且赋
值给变量tfidf_vec。
>>> tfidf_vec=TfidfVectorizer()

>>> #使用tfidf的方式,将原始训练和测试文本转化为特征向量。
>>> X_tfidf_train=tfidf_vec.fit_transform(X_train)
>>> X_tfidf_test=tfidf_vec.transform(X_test)

>>> #依然使用默认配置的朴素贝叶斯分类器,在相同的训练和测试数据上,对新的特征量化方
式进行性能评估。
>>> mnb_tfidf=MultinomialNB()
>>> mnb_tfidf.fit(X_tfidf_train, y_train)
>>> print ' The accuracy of classifying 20newsgroups with Naive Bayes
(TfidfVectorizer without filtering stopwords):', mnb_tfidf.score(X_tfidf_
test, y_test)
>>> y_tfidf_predict=mnb_tfidf.predict(X_tfidf_test)
>>> print classification_report(y_test, y_tfidf_predict, target_names=news.
target_names)
The accuracy of classifying 20newsgroups with Naive Bayes (TfidfVectorizer
without filtering stopwords): 0.846349745331
```

	precision	recall	f1-score	support
alt.atheism	0.84	0.67	0.75	201
comp.graphics	0.85	0.74	0.79	250
comp.os.ms-windows.misc	0.82	0.85	0.83	248
comp.sys.ibm.pc.hardware	0.76	0.88	0.82	240
comp.sys.mac.hardware	0.94	0.84	0.89	242
comp.windows.x	0.96	0.84	0.89	263
misc.forsale	0.93	0.69	0.79	257
rec.autos	0.84	0.92	0.88	238
rec.motorcycles	0.98	0.92	0.95	276
rec.sport.baseball	0.96	0.91	0.94	251
rec.sport.hockey	0.88	0.99	0.93	233
sci.crypt	0.73	0.98	0.83	238
sci.electronics	0.91	0.83	0.87	249

```
              sci.med          0.97    0.92    0.95     245
            sci.space          0.89    0.96    0.93     221
  soc.religion.christian       0.51    0.97    0.67     232
     talk.politics.guns        0.83    0.96    0.89     251
   talk.politics.mideast       0.92    0.97    0.95     231
     talk.politics.misc        0.98    0.62    0.76     188
     talk.religion.misc        0.93    0.16    0.28     158

            avg / total        0.87    0.85    0.84    4712
```

由上述代码的输出结果,可得出结论:在使用 TfidfVectorizer 而不去掉停用词的条件下,对训练和测试文本进行特征量化,并利用默认配置的朴素贝叶斯分类器,在测试文本上可以得到比 CountVectorizer 更加高的预测准确性,即从 83.977% 提升到 84.635%。而且,平均精度、召回率和 F1 指标都得到提升,分别是 0.87、0.85 以及 0.84。从而,证明了前面叙述的观点:"在训练文本量较多的时候,利用 TfidfVectorizer 压制这些常用词汇的对分类决策的干扰,往往可以起到提升模型性能的作用"。

最后,让我们使用下面的代码继续验证另一个观点:"这些停用词(Stop Words)在文本特征抽取中经常以黑名单的方式过滤掉,并且用来提高模型的性能表现"。

代码 58:分别使用 CountVectorizer 与 TfidfVectorizer,并且去掉停用词的条件下,对文本特征进行量化的朴素贝叶斯分类性能测试

```python
>>> #继续沿用代码 56 与代码 57 中导入的工具包(在同一份源代码中或者不关闭解释器环境),
分别使用停用词过滤配置初始化 CountVectorizer 与 TfidfVectorizer。
>>> count_filter_vec, tfidf_filter_vec=CountVectorizer(analyzer='word', stop_words='english'), TfidfVectorizer(analyzer='word', stop_words='english')

>>> #使用带有停用词过滤的 CountVectorizer 对训练和测试文本分别进行量化处理。
>>> X_count_filter_train=count_filter_vec.fit_transform(X_train)
>>> X_count_filter_test=count_filter_vec.transform(X_test)

>>> #使用带有停用词过滤的 TfidfVectorizer 对训练和测试文本分别进行量化处理。
>>> X_tfidf_filter_train=tfidf_filter_vec.fit_transform(X_train)
>>> X_tfidf_filter_test=tfidf_filter_vec.transform(X_test)

>>> #初始化默认配置的朴素贝叶斯分类器,并对 CountVectorizer 后的数据进行预测与准确性评估。
```

```
>>>mnb_count_filter=MultinomialNB()
>>>mnb_count_filter.fit(X_count_filter_train, y_train)
>>>print ' The accuracy of classifying 20newsgroups using Naive Bayes
(CountVectorizer by filtering stopwords):', mnb_count_filter.score(X_count_
filter_test, y_test)
>>>y_count_filter_predict=mnb_count_filter.predict(X_count_filter_test)

>>>#初始化另一个默认配置的朴素贝叶斯分类器,并对TfidfVectorizer后的数据进行预测
与准确性评估。
>>>mnb_tfidf_filter=MultinomialNB()
>>>mnb_tfidf_filter.fit(X_tfidf_filter_train, y_train)
>>>print ' The accuracy of classifying 20newsgroups with Naive Bayes
(TfidfVectorizer by filtering stopwords):', mnb_tfidf_filter.score(X_tfidf_
filter_test, y_test)
>>>y_tfidf_filter_predict=mnb_tfidf_filter.predict(X_tfidf_filter_test)

>>>#对上述两个模型进行更加详细的性能评估。
>>>from sklearn.metrics import classification_report
>>>print classification_report(y_test, y_count_filter_predict, target_names=
news.target_names)
>>>print classification_report(y_test, y_tfidf_filter_predict, target_names=
news.target_names)
```

The accuracy of classifying 20newsgroups using Naive Bayes (CountVectorizer by filtering stopwords): 0.863752122241
The accuracy of classifying 20newsgroups with Naive Bayes (TfidfVectorizer by filtering stopwords): 0.882640067912

	precision	recall	f1-score	support
alt.atheism	0.85	0.89	0.87	201
comp.graphics	0.62	0.88	0.73	250
comp.os.ms-windows.misc	0.93	0.22	0.36	248
comp.sys.ibm.pc.hardware	0.62	0.88	0.73	240
comp.sys.mac.hardware	0.93	0.85	0.89	242
comp.windows.x	0.82	0.85	0.84	263
misc.forsale	0.90	0.79	0.84	257
rec.autos	0.91	0.91	0.91	238

	precision	recall	f1-score	support
rec.motorcycles	0.98	0.94	0.96	276
rec.sport.baseball	0.98	0.92	0.95	251
rec.sport.hockey	0.92	0.99	0.95	233
sci.crypt	0.91	0.97	0.93	238
sci.electronics	0.87	0.89	0.88	249
sci.med	0.94	0.95	0.95	245
sci.space	0.91	0.96	0.93	221
soc.religion.christian	0.87	0.94	0.90	232
talk.politics.guns	0.89	0.96	0.93	251
talk.politics.mideast	0.95	0.98	0.97	231
talk.politics.misc	0.84	0.90	0.87	188
talk.religion.misc	0.91	0.53	0.67	158
avg / total	0.88	0.86	0.85	4712

	precision	recall	f1-score	support
alt.atheism	0.86	0.81	0.83	201
comp.graphics	0.85	0.81	0.83	250
comp.os.ms-windows.misc	0.84	0.87	0.86	248
comp.sys.ibm.pc.hardware	0.78	0.88	0.83	240
comp.sys.mac.hardware	0.92	0.90	0.91	242
comp.windows.x	0.95	0.88	0.91	263
misc.forsale	0.90	0.80	0.85	257
rec.autos	0.89	0.92	0.90	238
rec.motorcycles	0.98	0.94	0.96	276
rec.sport.baseball	0.97	0.93	0.95	251
rec.sport.hockey	0.88	0.99	0.93	233
sci.crypt	0.85	0.98	0.91	238
sci.electronics	0.93	0.86	0.89	249
sci.med	0.96	0.93	0.95	245
sci.space	0.90	0.97	0.93	221
soc.religion.christian	0.70	0.96	0.81	232
talk.politics.guns	0.84	0.98	0.90	251
talk.politics.mideast	0.92	0.99	0.95	231
talk.politics.misc	0.97	0.74	0.84	188
talk.religion.misc	0.96	0.29	0.45	158
avg / total	0.89	0.88	0.88	4712

代码58的输出依旧证明TfidfVectorizer的特征抽取和量化方法更加具备优势;同时,通过与代码56和代码57的性能比较,我们发现:对停用词进行过滤的文本特征抽取方法,平均要比不过滤停用词的模型综合性能高出3%~4%。

3.1.1.2 特征筛选

读者在实践了本书的一些数据样例之后,一定对如何有效地利用数据特征有自己的心得体会。总体来讲,良好的数据特征组合不需太多,便可以使得模型的性能表现突出。比如,我们在第1章的"良/恶性乳腺癌肿瘤预测"问题中,仅仅使用两个描述肿瘤形态的特征便可以取得很高的识别率。冗余的特征虽然不会影响到模型的性能,不过却使得CPU的计算做了无用功。比如,主成分分析主要用于去除多余的那些线性相关的特征组合,原因在于这些冗余的特征组合并不会对模型训练有更多贡献。而不良的特征自然会降低模型的精度。

特征筛选与PCA这类通过选择主成分对特征进行重建的方法略有区别:对于PCA而言,我们经常无法解释重建之后的特征;但是特征筛选不存在对特征值的修改,而更加侧重于寻找那些对模型的性能提升较大的少量特征。

这里我们在代码59中继续沿用Titanic数据集,这次试图通过特征筛选来寻找最佳的特征组合,并且达到提高预测准确性的目标。

代码59:使用Titanic数据集,通过特征筛选的方法一步步提升决策树的预测性能

```
>>> #导入pandas并且更名为pd。
>>> import pandas as pd
>>> #从互联网读取titanic数据。
>>> titanic = pd.read_csv('http://biostat.mc.vanderbilt.edu/wiki/pub/Main/DataSets/titanic.txt')

>>> #分离数据特征与预测目标。
>>> y=titanic['survived']
>>> X=titanic.drop(['row.names', 'name', 'survived'], axis=1)

>>> #对对缺失数据进行填充。
>>> X['age'].fillna(X['age'].mean(), inplace=True)
>>> X.fillna('UNKNOWN', inplace=True)

>>> #分割数据,依然采样25%用于测试。
>>> from sklearn.cross_validation import train_test_split
```

```
>>>X_train, X_test, y_train, y_test=train_test_split(X, y, test_size=0.25, 
random_state=33)

>>>#类别型特征向量化。
>>>from sklearn.feature_extraction import DictVectorizer
>>>vec=DictVectorizer()
>>>X_train=vec.fit_transform(X_train.to_dict(orient='record'))
>>>X_test=vec.transform(X_test.to_dict(orient='record'))

>>>#输出处理后特征向量的维度。
>>>print len(vec.feature_names_)
```
474

```
>>>#使用决策树模型依靠所有特征进行预测,并作性能评估。
>>>from sklearn.tree import DecisionTreeClassifier
>>>dt=DecisionTreeClassifier(criterion='entropy')
>>>dt.fit(X_train, y_train)
>>>dt.score(X_test, y_test)
```
0.81762917933130697

```
>>>#从 sklearn 导入特征筛选器。
>>>from sklearn import feature_selection
>>>#筛选前 20%的特征,使用相同配置的决策树模型进行预测,并且评估性能。
>>>fs=feature_selection.SelectPercentile(feature_selection.chi2, percentile
=20)
>>>X_train_fs=fs.fit_transform(X_train, y_train)
>>>dt.fit(X_train_fs, y_train)
>>>X_test_fs=fs.transform(X_test)
>>>dt.score(X_test_fs, y_test)
```
0.82370820668693012

```
>>>#通过交叉验证(下一节将详细介绍)的方法,按照固定间隔的百分比筛选特征,并作图展示
性能随特征筛选比例的变化。
>>>from sklearn.cross_validation import cross_val_score
>>>import numpy as np
```

```
>>> percentiles=range(1, 100, 2)
>>> results=[]

>>> for i in percentiles:
>>>     fs = feature_selection.SelectPercentile (feature_selection.chi2, percentile=i)
>>>     X_train_fs=fs.fit_transform(X_train, y_train)
>>>     scores=cross_val_score(dt, X_train_fs, y_train, cv=5)
>>>     results=np.append(results, scores.mean())
>>> print results

>>> #找到提现最佳性能的特征筛选的百分比。
>>> opt=np.where(results==results.max())[0]
>>> print 'Optimal number of features %d' % percentiles[opt]
```

```
[ 0.85063904  0.85673057  0.87501546  0.88622964  0.86692435  0.86693465
  0.86690373  0.87100598  0.87097506  0.86996496  0.87200577  0.86995465
  0.86997526  0.86183261  0.86690373  0.858792    0.86386312  0.8648423
  0.86283241  0.86286333  0.86384251  0.86384251  0.86895485  0.86488353
  0.86386312  0.86895485  0.86995465  0.87199546  0.86489384  0.86892393
  0.87302618  0.86589363  0.87504638  0.86791383  0.86993403  0.86589363
  0.86590394  0.87404659  0.86487322  0.86895485  0.87301587  0.86285302
  0.8608122   0.86286333  0.86590394  0.86589363  0.86287363  0.8597918
  0.8608122   0.86284271]
Optimal number of features 7
```

```
>>> import pylab as pl
>>> pl.plot(percentiles, results)
>>> pl.xlabel('percentiles of features')
>>> pl.ylabel('accuracy')
>>> pl.show()

>>> #使用最佳筛选后的特征,利用相同配置的模型在测试集上进行性能评估。
>>> from sklearn import feature_selection
>>> fs=feature_selection.SelectPercentile(feature_selection.chi2, percentile=7)
```

```
>>>X_train_fs=fs.fit_transform(X_train, y_train)
>>>dt.fit(X_train_fs, y_train)
>>>X_test_fs=fs.transform(X_test)
>>>dt.score(X_test_fs, y_test)
0.8571428571428571
```

通过代码 59 中的几个关键输出，我们可以总结如下：

（1）经过初步的特征处理后，最终的训练与测试数据均有 474 个维度的特征；

（2）如果直接使用全部 474 个维度的特征用于训练决策树模型进行分类预测，那么模型在测试集上的准确性约为 81.76%；

（3）如果筛选前 20% 维度的特征，在相同的模型配置下进行预测，那么在测试集上表现的准确性约为 82.37%；

（4）如果我们按照固定的间隔采用不同百分比的特征进行训练与测试，那么如图 3-1 所示，通过 3.1.3.2 交叉验证得出的准确性有着很大的波动，并且最好的模型性能表现在选取前 7% 维度的特征的时候；

（5）如果使用前 7% 维度的特征，那么最终决策树模型可以在该分类预测任务的测试集上表现出 85.71% 的准确性，比起最初使用全部特征的模型性能高出接近 4 个百分点。

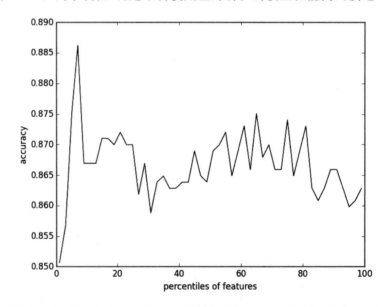

图 3-1 代码 59 中，模型交叉验证的准确性随特征筛选百分比的变化曲线

3.1.2 模型正则化

本书一直在向读者们申明一个重要观点:任何机器学习模型在训练集上的性能表现,都不能作为其对未知测试数据预测能力的评估。并且,我们从最开始 1.1 机器学习综述中就向大家强调过要重视模型的泛化力(Generalization),只是没有过多地展开讨论。这一节,我们将详细解释什么是模型的泛化力,以及如何保证模型的泛化力。3.1.2.1 欠拟合与过拟合将首先阐述模型复杂度与泛化力的关系;紧接着,3.1.2.2 L_1 范数正则化与 3.1.2.3 L_2 范数正则化将分别介绍如何使用这两种正则化(Regularization)的方式来加强模型的泛化力,避免模型参数过拟合(Overfitting)。

3.1.2.1 欠拟合与过拟合

所谓拟合,是指机器学习模型在训练的过程中,通过更新参数,使得模型不断契合可观测数据(训练集)的过程。本节,我们将使用一个"比萨饼价格预测"的例子来说明。如表 3-1 所示,美国一家比萨饼店出售不同尺寸的比萨,其中每种直径(Diameter)都对应一个报价。我们所要做的,就是设计一个学习模型,可以有效地根据表 3-2 中比萨的直径特征来预测售价。

表 3-1 美国某比萨饼店已知训练数据

Training Instance	Diameter (in inches)	Price(in U.S. dollars)
1	6	7
2	8	9
3	10	13
4	14	17.5
5	18	18

表 3-2 美国某比萨饼店未知测试数据

Testing Instance	Diameter (in inches)	Price(in U.S. dollars)
1	6	?
2	8	?
3	11	?
4	16	?

目前我们所知，共有 5 组训练数据、4 组测试数据，并且其中测试数据的比萨报价未知。根据我们的经验，如果只考虑比萨的尺寸与售价的关系，那么使用线性回归模型比较直观，如代码 60 所示。

代码 60：使用线性回归模型在比萨训练样本上进行拟合

```
>>> #输入训练样本的特征以及目标值,分别存储在变量 X_train 与 y_train 之中。
>>> X_train=[[6], [8], [10], [14], [18]]
>>> y_train=[[7], [9], [13], [17.5], [18]]

>>> #从 sklearn.linear_model 中导入 LinearRegression。
>>> from sklearn.linear_model import LinearRegression
>>> #使用默认配置初始化线性回归模型。
>>> regressor=LinearRegression()
>>> #直接以比萨的直径作为特征训练模型。
>>> regressor.fit(X_train, y_train)

>>> #导入 numpy 并且重命名为 np。
>>> import numpy as np
>>> #在 x 轴上从 0 至 25 均匀采样 100 个数据点。
>>> xx=np.linspace(0, 26, 100)
>>> xx=xx.reshape(xx.shape[0], 1)
>>> #以上述 100 个数据点作为基准,预测回归直线。
>>> yy=regressor.predict(xx)

>>> #对回归预测到的直线进行作图。
>>> import matplotlib.pyplot as plt
>>> plt.scatter(X_train, y_train)

>>> plt1,=plt.plot(xx, yy, label="Degree=1")

>>> plt.axis([0, 25, 0, 25])
>>> plt.xlabel('Diameter of Pizza')
>>> plt.ylabel('Price of Pizza')
>>> plt.legend(handles=[plt1])
>>> plt.show()

>>> #输出线性回归模型在训练样本上的 R-squared 值。
```

```
>>> print 'The R- squared value of Linear Regressor performing on the training
data is', regressor.score(X_train, y_train)
The R- squared value of Linear Regressor performing on the training data is
0.910001596424
```

根据代码 60 所输出的图 3-2，以及当前模型在训练集上的表现（R-squared 值为 0.9100），我们进一步猜测，也许比萨饼的面积与售价的线性关系[①]更加明显。因此，我们试图将原特征升高一个维度，使用（2 次）多项式回归（Polynominal Regression）对训练样本进行拟合，继续如代码 61 所示。

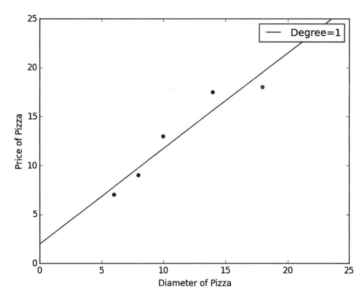

图 3-2　线性回归模型在比萨训练样本上的拟合情况（见彩图）

代码 61：使用 2 次多项式回归模型在比萨训练样本上进行拟合

```
>>> #从 sklearn.preproessing 中导入多项式特征产生器
>>> from sklearn.preprocessing import PolynomialFeatures
>>> #使用 PolynominalFeatures(degree=2)映射出 2 次多项式特征,存储在变量 X_train_
poly2 中。
```

---

① 拓展小贴士 23：尽管我们在代码 61 中依然使用线性回归器作为模型基础，但是由于我们将特征上升到多项式层面，因此通常我们称这类模型为多项式回归（Polynomial Regression）。

```
>>> poly2=PolynomialFeatures(degree=2)
>>> X_train_poly2=poly2.fit_transform(X_train)

>>> #以线性回归器为基础,初始化回归模型。尽管特征的维度有提升,但是模型基础仍然是线性模型。
>>> regressor_poly2=LinearRegression()

>>> #对2次多项式回归模型进行训练。
>>> regressor_poly2.fit(X_train_poly2, y_train)

>>> #从新映射绘图用x轴采样数据。
>>> xx_poly2=poly2.transform(xx)

>>> #使用2次多项式回归模型对应x轴采样数据进行回归预测。
>>> yy_poly2=regressor_poly2.predict(xx_poly2)

>>> #分别对训练数据点、线性回归直线、2次多项式回归曲线进行作图。
>>> plt.scatter(X_train, y_train)

>>> plt1,=plt.plot(xx, yy, label='Degree=1')
>>> plt2,=plt.plot(xx, yy_poly2, label='Degree=2')

>>> plt.axis([0, 25, 0, 25])
>>> plt.xlabel('Diameter of Pizza')
>>> plt.ylabel('Price of Pizza')
>>> plt.legend(handles=[plt1, plt2])
>>> plt.show()

>>> #输出2次多项式回归模型在训练样本上的R-squared值。
>>> print 'The R-squared value of Polynominal Regressor (Degree=2) performing on the training data is', regressor_poly2.score(X_train_poly2, y_train)
The R-squared value of Polynominal Regressor (Degree=2) performing on the training data is 0.98164216396
```

果然,在升高了特征维度之后,2次多项式回归模型在训练样本上的性能表现更加突出,R-squared值从 0.910 上升到 0.982。并且根据代码 61 所输出的图 3-3 所示,2次多项式回归曲线(绿色)比起线性回归直线(蓝色),对训练数据的拟合程度也增加了许多。

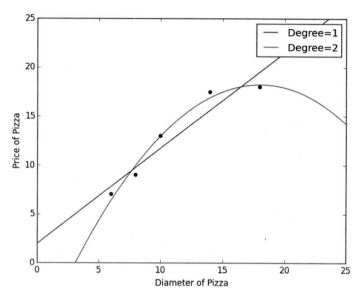

图 3-3　2 次多项式回归与线性回归模型在比萨训练样本上的拟合情况比较（见彩图）

由此，我们更加大胆地进一步升高特征维度，如代码 62 所示，增加到 4 次多项式。

代码 62：使用 4 次多项式回归模型在比萨训练样本上进行拟合

```
>>> #从 sklearn.preprocessing 导入多项式特征生成器。
>>> from sklearn.preprocessing import PolynomialFeatures
>>> #初始化 4 次多项式特征生成器。
>>> poly4=PolynomialFeatures(degree=4)
>>> X_train_poly4=poly4.fit_transform(X_train)

>>> #使用默认配置初始化 4 次多项式回归器。
>>> regressor_poly4=LinearRegression()
>>> #对 4 次多项式回归模型进行训练。
>>> regressor_poly4.fit(X_train_poly4, y_train)

>>> #从新映射绘图用 x 轴采样数据。
>>> xx_poly4=poly4.transform(xx)
>>> #使用 4 次多项式回归模型对应 x 轴采样数据进行回归预测。
>>> yy_poly4=regressor_poly4.predict(xx_poly4)
```

```
>>> #分别对训练数据点、线性回归直线、2次多项式以及4次多项式回归曲线进行作图。
>>> plt.scatter(X_train, y_train)
>>> plt1,=plt.plot(xx, yy, label='Degree=1')
>>> plt2,=plt.plot(xx, yy_poly2, label='Degree=2')
>>> plt4,=plt.plot(xx, yy_poly4, label='Degree=4')
>>> plt.axis([0, 25, 0, 25])
>>> plt.xlabel('Diameter of Pizza')
>>> plt.ylabel('Price of Pizza')
>>> plt.legend(handles=[plt1, plt2, plt4])
>>> plt.show()

>>> print 'The R-squared value of Polynominal Regressor (Degree=4) performing on the training data is',regressor_poly4.score(X_train_poly4, y_train)
The R-squared value of Polynominal Regressor (Degree=4) performing on the training data is 1.0
```

如图 3-4 所示，4 次多项式曲线几乎完全拟合了所有的训练数据点，对应的 R-squared 值也为 1.0。但是，如果这时觉得已经找到了完美的模型，那么显然是高兴过早了。

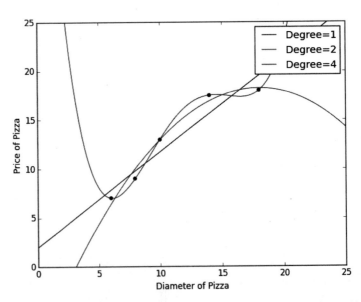

图 3-4　4 次多项式回归与其他模型在比萨训练样本上的拟合情况比较

表 3-3 揭示了测试比萨的真实价格。

表 3-3 美国某比萨饼店真实测试数据

Testing Instance	Diameter (in inches)	Price (in U.S. dollars)
1	6	8
2	8	12
3	11	15
4	16	18

代码 63：评估 3 种回归模型在测试数据集上的性能表现

```
>>> #准备测试数据。
>>> X_test=[[6], [8], [11], [16]]
>>> y_test=[[8], [12], [15], [18]]

>>> #使用测试数据对线性回归模型的性能进行评估。
>>> regressor.score(X_test, y_test)
0.80972683246686095

>>> #使用测试数据对 2 次多项式回归模型的性能进行评估。
>>> X_test_poly2=poly2.transform(X_test)
>>> regressor_poly2.score(X_test_poly2, y_test)
0.86754436563450543

>>> #使用测试数据对 4 次多项式回归模型的性能进行评估。
>>> X_test_poly4=poly4.transform(X_test)
>>> regressor_poly4.score(X_test_poly4, y_test)
0.8095880795781909
```

如果我们使用代码 63 评估上述 3 种模型在测试集上的表现，并将输出对比之前在训练数据上的拟合情况，制成表 3-4；最终的结果却令人咋舌：当模型复杂度很低（Degree=1）时，模型不仅没有对训练集上的数据有良好的拟合状态，而且在测试集上也表现平平，这种情况叫做欠拟合（Underfitting）；但是，当我们一味追求很高的模型复杂度（Degree=4），尽管模型几乎完全拟合了所有的训练数据，但如图 3-4 所示，模型也变得非常波动，几乎丧失了对未知数据的预测能力，这种情况叫做过拟合（Overfitting）。这两种情况都是缺乏模型泛化力的表现。

表 3-4 美国某比萨饼店真实测试数据

特征多项式次数	训练集 R-squared 值	测试集 R-squared 值
Degree=1	0.9100	0.8097
Degree=2	0.9816	0.8675
Degree=4	1.0000	0.8096

由此可见，虽然我们不断追求更好的模型泛化力，但是因为未知数据无法预测，所以又期望模型可以充分利用训练数据，避免欠拟合。这就要求在增加模型复杂度、提高在可观测数据上的性能表现的同时，又需要兼顾模型的泛化力，防止发生过拟合的情况。为了平衡这两难的选择，我们通常采用两种模型正则化的方法，分别是 3.1.2.2 L_1 范数正则化与 3.1.2.3 L_2 范数正则化。

3.1.2.2 L_1 范数正则化

正则化（Regularization）的目的在于提高模型在未知测试数据上的泛化力，避免参数过拟合。由上一节的"比萨饼价格预测"的例子可以看出，2 次多项式回归是相对较好的模型假设。之所以出现如 4 次多项式那样的过拟合情景，是由于 4 次方项对应的系数过大，或者不为 0 所导致。

因此，正则化的常见方法都是在原模型优化目标的基础上，增加对参数的惩罚（Penalty）项。以我们在 2.1.2.1 线性回归器一节中介绍过的最小二乘优化目标为例（参考式（13）），如果加入对模型的 L_1 范数正则化，那么新的线性回归目标如式（20）所示。

$$\mathop{\mathrm{argmin}}_{w,b} L(w,b) = \mathop{\mathrm{argmin}}_{w,b} \sum_{m}^{k=1} (f(w,x,b) - y^k)^2 + \lambda \parallel w \parallel_1 \qquad (20)$$

也就是说，在原优化目标的基础上，增加了参数向量的 L_1 范数。如此一来，在新目标优化的过程中，也同时需要考量 L_1 惩罚项的影响。为了使目标最小化，这种正则化方法的结果会让参数向量中的许多元素趋向于 0，使得大部分特征失去对优化目标的贡献。而这种让有效特征变得稀疏（Sparse）的 L_1 正则化模型，通常被称为 Lasso。

接下来，代码 64 让我们在上一节例子的基础上，继续使用 4 次多项式特征，但是换成 Lasso 模型检验 L_1 范数正则化后的性能和参数。

代码 64：Lasso 模型在 4 次多项式特征上的拟合表现

```
>>> #从 sklearn.linear_model 中导入 Lasso。
>>> from sklearn.linear_model import Lasso
```

```
>>> #从使用默认配置初始化 Lasso。
>>> lasso_poly4=Lasso()
>>> #从使用 Lasso 对 4 次多项式特征进行拟合。
>>> lasso_poly4.fit(X_train_poly4, y_train)

>>> #对 Lasso 模型在测试样本上的回归性能进行评估。
>>> print lasso_poly4.score(X_test_poly4, y_test)
0.83889268736

>>> #输出 Lasso 模型的参数列表。
>>> print lasso_poly4.coef_

[  0.00000000e+00   0.00000000e+00  1.17900534e-01   5.42646770e-05
 -2.23027128e-04]

>>> #回顾普通 4 次多项式回归模型过拟合之后的性能。
>>> print regressor_poly4.score(X_test_poly4, y_test)

0.809588079578

>>> #回顾普通 4 次多项式回归模型的参数列表。
>>> print regressor_poly4.coef_

[[  0.00000000e+00  -2.51739583e+01   3.68906250e+00  -2.12760417e-01
   4.29687500e-03]]
```

通过对代码 64 一系列输出的观察，验证了我们所介绍的 Lasso 模型的一切特点：

(1) 相比于普通 4 次多项式回归模型在测试集上的表现，默认配置的 Lasso 模型性能提高了大约 3%；

(2) 相较之下，Lasso 模型拟合后的参数列表中，4 次与 3 次特征的参数均为 0.0，使得特征更加稀疏。

3.1.2.3 L_2 范数正则化

与 L_1 范数正则化略有不同的是，L_2 范数正则化则在原优化目标的基础上，增加了参数向量的 L_2 范数的惩罚项，如公式 (21) 所示。为了使新优化目标最小化，这种正则化方法的结果会让参数向量中的大部分元素都变得很小，压制了参数之间的差异性。而这种压制参数之间差异性的 L_2 正则化模型，通常被称为 Ridge。

$$\operatorname*{argmin}_{w,b} L(w,b) = \operatorname*{argmin}_{w,b} \sum_{m}^{k=1} (f(w,k,b) - y^k)^2 + \lambda ||w||_2 \tag{21}$$

接下来，代码 65 让我们在 3.1.2.1 欠拟合与过拟合一节例子的基础上，继续使用 4 次多项式特征，但是换成 Ridge 模型检验 L_2 范数正则化后的性能和参数。

代码 65：Ridge 模型在 4 次多项式特征上的拟合表现

```
>>> #输出普通 4 次多项式回归模型的参数列表。
>>> print regressor_poly4.coef_
[[  0.00000000e+00  -2.51739583e+01   3.68906250e+00  -2.12760417e-01
   4.29687500e-03]]

>>> #输出上述这些参数的平方和，验证参数之间的巨大差异。
>>> print np.sum(regressor_poly4.coef_ ** 2)
647.382645692

>>> #从 sklearn.linear_model 导入 Ridge。
>>> from sklearn.linear_model import Ridge
>>> #使用默认配置初始化 Riedge。
>>> ridge_poly4=Ridge()

>>> #使用 Ridge 模型对 4 次多项式特征进行拟合。
>>> ridge_poly4.fit(X_train_poly4, y_train)

>>> #输出 Ridge 模型在测试样本上的回归性能。
>>> print ridge_poly4.score(X_test_poly4, y_test)
0.837420175937
>>> #输出 Ridge 模型的参数列表，观察参数差异。
>>> print ridge_poly4.coef_
[[ 0.         -0.00492536  0.12439632  -0.00046471  -0.00021205]]

>>> #计算 Ridge 模型拟合后参数的平方和。
>>> print np.sum(ridge_poly4.coef_ ** 2)
0.0154989652036
```

通过我们对代码 65 一系列输出的观察，可以验证 Ridge 模型的一切特点：

（1）相比于普通 4 次多项式回归模型在测试集上的表现，默认配置的 Ridge 模型性能提高了近 3%；

（2）与普通 4 次多项式回归模型不同的是，Ridge 模型拟合后的参数之间差异非常小。

这里需要额外指出的是，不论是公式(20)还是公式(21)中的惩罚项，都会有一个因子 λ 进行调节。尽管 λ 不属于需要拟合的参数，却在模型优化中扮演非常重要的角色。具体对 λ 的解读，我们会留待后续的章节。

3.1.3 模型检验

在前面的章节中，时不时地提到模型检验或者交叉验证等词汇，特别是在对不同模型的配置、不同的特征组合，在相同的数据和任务下进行评价的时候。究其原因，相信很多读者通过阅读前面的章节，已经感受到仅仅使用默认配置的模型与不经处理的数据特征，在大多数任务下是无法得到最佳性能表现的。因此，在最终交由测试集进行性能评估之前，我们自然希望可以尽可能利用手头现有的数据对模型进行调优，甚至可以粗略地估计测试结果。

在这里需要强调的是：尽管本书在许多章节中所使用的测试数据是由我们从原始数据中采样而来，并且多数知晓测试的正确结果；但是这仅仅是为了学习和模拟的需要。一些初学者因此经常拿着测试集的正确结果反复调优模型与特征，从而可以发现在测试集上表现最佳的模型配置和特征组合。这是极其错误的行为！

事实上，当读者翻阅至第 4 章，并且真正在竞赛平台上实践机器学习任务时就会发现，您只可以提交预测结果，并不可能知晓正确答案。如果更加严格一些，只给大家一次提交预测结果的机会，那么我们更不可能期待借助测试集"动手脚"。这就要求我们充分地使用现有数据，并且通常的做法依然是对现有数据进行采样分割：一部分用于模型参数训练，叫做训练集(Training set)；另一部分数据集合用于调优模型配置和特征选择，并且对未知的测试性能做出估计，叫做开发集(Development set)或者验证集(Validation set)[①]。根据验证流程复杂度的不同，模型检验方式分为 3.1.3.1 留一验证与 3.1.3.2 交叉验证。

---

① 拓展小贴士 24：如果读者在量化投资公司从事股票预测研究，你所能获取的永远是过去股票价格的走势，未来的股票价格永远是所设计模型的测试，并且机会只有一次。虽然可以借由过去的股票价格对模型进行调优，但是这不代表自认为通过验证的优质模型一定可以在未来的股票市场大赚一笔。要对未来抱有一颗"虔诚"的心，因为不会知道最适合测试的模型配置和特征组合；你所能做的，只能是相信当下所验证的，并把剩下的一切交给时运。

3.1.3.1 留一验证

留一验证(Leave-one-out cross validation)最为简单,就是从任务提供的数据中,随机采样一定比例作为训练集,剩下的"留做"验证。通常,我们取这个比例为 7∶3,即 70% 作为训练集,剩下的 30% 用做模型验证。不过,通过这一验证方法优化的模型性能也不稳定,原因在于对验证集合随机采样的不确定性。因此,这一方法被使用在计算能力较弱,而相对数据规模较大的机器学习发展的早期。当我们拥有足够的计算资源之后,这一验证方法进化成为更加高级的版本:交叉验证。

3.1.3.2 交叉验证

交叉验证(K-fold cross-validation)可以理解为从事了多次留一验证的过程。只是需要强调的是,每次检验所使用的验证集之间是互斥的,并且要保证每一条可用数据都被模型验证过。因此,就以 5 折交叉验证(Five-fold cross-validation)为例,如图 3-5 所示。

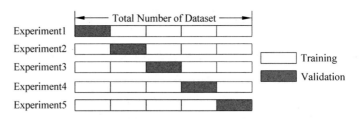

图 3-5 5 折交叉验证过程示例,图片来自于互联网①

全部可用数据被随机分割为平均数量的 5 组,每次迭代都选取其中的 1 组数据作为验证集,其他 4 组作为训练集。

交叉验证的好处在于,可以保证所有数据都有被训练和验证的机会,也尽最大可能让优化的模型性能表现得更加可信。

3.1.4 超参数搜索

前面所提到的模型配置,我们一般统称为模型的超参数(Hyperparameters),如 K 近邻算法中的 K 值、支持向量机中不同的核函数(Kernal)等。多数情况下,超参数的选择是无限的。因此在有限的时间内,除了可以验证人工预设几种超参数组合以外,也可以通过启发式的搜索方法对超参数组合进行调优。我们称这种启发式的超参数搜索方法为

---

① http://stackoverflow.com/questions/31947183/how-to-implement-walk-forward-testing-in-sklearn

3.1.4.1 网格搜索。同时由于超参数的验证过程之间彼此独立,因此为并行计算提供了可能,3.1.4.2 并行搜索一节将向读者展示如何在不损失搜索精度的前提下,充分利用多核处理器成倍节约计算时间。

3.1.4.1 网格搜索

由于超参数的空间是无尽的,因此超参数的组合配置只能是"更优"解,没有最优解。通常情况下,我们依靠网格搜索[①](GridSearch)对多种超参数组合的空间进行暴力搜索。每一套超参数组合被代入到学习函数中作为新的模型,并且为了比较新模型之间的性能,每个模型都会采用交叉验证的方法在多组相同的训练和开发数据集下进行评估。以代码 66 为例。

代码 66:使用单线程对文本分类的朴素贝叶斯模型的超参数组合执行网格搜索

```
>>> # 从 sklearn.datasets 中导入 20 类新闻文本抓取器。
>>> from sklearn.datasets import fetch_20newsgroups
>>> # 导入 numpy,并且重命名为 np。
>>> import numpy as np

>>> # 使用新闻抓取器从互联网上下载所有数据,并且存储在变量 news 中。
>>> news=fetch_20newsgroups(subset='all')

>>> # 从 sklearn.cross_validation 导入 train_test_split 用来分割数据。
>>> from sklearn.cross_validation import train_test_split

>>> # 对前 3000 条新闻文本进行数据分割,25% 文本用于未来测试。
>>> X_train, X_test, y_train, y_test=train_test_split(news.data[:3000],
news.target[:3000], test_size=0.25, random_state=33)

>>> # 导入支持向量机(分类)模型。
>>> from sklearn.svm import SVC
>>> # 导入 TfidfVectorizer 文本抽取器。
>>> from sklearn.feature_extraction.text import TfidfVectorizer
```

---

① 拓展小贴士 25:虽然作者没有查阅这一名称的来历,但是这的确是一种非常形象的措辞。如果人工处理所有可能的超参数组合,通常的办法便是根据超参数的维度,列成相应的网格。对于每个格子中具体的超参数组合,通过交叉验证的方式进行模型性能的评估。最后通过验证性能的比较,遴选出最佳的超参数数据组合。

```
>>> #导入Pipeline。
>>> from sklearn.pipeline import Pipeline

>>> #使用Pipeline① 简化系统搭建流程,将文本抽取与分类器模型串联起来。
>>> clf=Pipeline([('vect', TfidfVectorizer(stop_words='english', analyzer=
'word')), ('svc', SVC())])

>>> #这里需要试验的2个超参数的个数分别是4、3,svc__gamma的参数共有10^-2, 10^
-1...。这样我们一共有12种的超参数组合,12个不同参数下的模型。
>>> parameters={'svc__gamma': np.logspace(-2, 1, 4), 'svc__C': np.logspace(-1,
1, 3)}

>>> #从sklearn.grid_search中导入网格搜索模块GridSearchCV。
>>> from sklearn.grid_search import GridSearchCV

>>> #将12组参数组合以及初始化的Pipline包括3折交叉验证的要求全部告知
GridSearchCV。请大家务必注意refit=True这样一个设定②。
>>> gs=GridSearchCV(clf, parameters, verbose=2, refit=True, cv=3)

>>> #执行单线程网格搜索。
>>> %time _=gs.fit(X_train, y_train)
>>> gs.best_params_, gs.best_score_

>>> #输出最佳模型在测试集上的准确性。
>>> print gs.score(X_test, y_test)


Fitting 3 folds for each of 12 candidates, totalling 36 fits

[CV] svc__gamma=0.01, svc__C=0.1 .....................................
[CV] ............................ svc__gamma=0.01, svc__C=0.1 -   5.3s
[CV] svc__gamma=0.01, svc__C=0.1 .....................................
```

---

① 拓展小贴士26:在读者已经全面了解如何使用Scikit-learn从零搭建机器学习系统之后,推荐大家使用Pipeline来简化代码,具体的使用方式可以参考 http://scikit-learn.org/stable/modules/pipeline.html#pipeline-chaining-estimators

② 拓展小贴士27:在交叉验证获取最佳的超参数过程中,如果设定refit=True,那么程序将会以叉验训练集得到的最佳超参数,重新对所有可用的训练集与开发集进行,作为最终用于性能评估的最佳模型的参数。这是一个标准的流程,请读者参考。

```
[CV] ........................ svc__gamma=0.01, svc__C=0.1 -   5.6s
[CV] svc__gamma=0.01, svc__C=0.1 .....................................
[CV] ........................ svc__gamma=0.01, svc__C=0.1 -   5.5s
[CV] svc__gamma=0.1, svc__C=0.1 ......................................
[CV] ......................... svc__gamma=0.1, svc__C=0.1 -   5.6s
[CV] svc__gamma=0.1, svc__C=0.1 ......................................
[CV] ......................... svc__gamma=0.1, svc__C=0.1 -   5.9s
[CV] svc__gamma=0.1, svc__C=0.1 ......................................
[CV] ......................... svc__gamma=0.1, svc__C=0.1 -   5.6s
[CV] svc__gamma=1.0, svc__C=0.1 ......................................
[CV] ......................... svc__gamma=1.0, svc__C=0.1 -   5.2s
[CV] svc__gamma=1.0, svc__C=0.1 ......................................
[CV] ......................... svc__gamma=1.0, svc__C=0.1 -   5.5s
[CV] svc__gamma=1.0, svc__C=0.1 ......................................
[CV] ......................... svc__gamma=1.0, svc__C=0.1 -   5.3s
[CV] svc__gamma=10.0, svc__C=0.1 .....................................
[CV] ........................ svc__gamma=10.0, svc__C=0.1 -   5.0s
[CV] svc__gamma=10.0, svc__C=0.1 .....................................
[CV] ........................ svc__gamma=10.0, svc__C=0.1 -   5.3s
[CV] svc__gamma=10.0, svc__C=0.1 .....................................
[CV] ........................ svc__gamma=10.0, svc__C=0.1 -   5.4s
[CV] svc__gamma=0.01, svc__C=1.0 .....................................
[CV] ........................ svc__gamma=0.01, svc__C=1.0 -   4.9s
[CV] svc__gamma=0.01, svc__C=1.0 .....................................
[CV] ........................ svc__gamma=0.01, svc__C=1.0 -   5.0s
[CV] svc__gamma=0.01, svc__C=1.0 .....................................
[CV] ........................ svc__gamma=0.01, svc__C=1.0 -   5.1s
[CV] svc__gamma=0.1, svc__C=1.0 ......................................
[CV] ......................... svc__gamma=0.1, svc__C=1.0 -   5.2s
[CV] svc__gamma=0.1, svc__C=1.0 ......................................
[CV] ......................... svc__gamma=0.1, svc__C=1.0 -   5.2s
[CV] svc__gamma=0.1, svc__C=1.0 ......................................
[CV] ......................... svc__gamma=0.1, svc__C=1.0 -   5.3s
[CV] svc__gamma=1.0, svc__C=1.0 ......................................
[CV] ......................... svc__gamma=1.0, svc__C=1.0 -   5.1s
[CV] svc__gamma=1.0, svc__C=1.0 ......................................
[CV] ......................... svc__gamma=1.0, svc__C=1.0 -   5.2s
```

```
[CV] svc__gamma=1.0, svc__C=1.0 .................................
[CV] ..................... svc__gamma=1.0, svc__C=1.0 -    5.3s
[CV] svc__gamma=10.0, svc__C=1.0 ................................
[CV] .................... svc__gamma=10.0, svc__C=1.0 -    5.2s
[CV] svc__gamma=10.0, svc__C=1.0 ................................
[CV] .................... svc__gamma=10.0, svc__C=1.0 -    5.2s
[CV] svc__gamma=10.0, svc__C=1.0 ................................
[CV] .................... svc__gamma=10.0, svc__C=1.0 -    5.2s
[CV] svc__gamma=0.01, svc__C=10.0 ...............................
[CV] ................... svc__gamma=0.01, svc__C=10.0 -    4.9s
[CV] svc__gamma=0.01, svc__C=10.0 ...............................
[CV] ................... svc__gamma=0.01, svc__C=10.0 -    5.0s
[CV] svc__gamma=0.01, svc__C=10.0 ...............................
[CV] ................... svc__gamma=0.01, svc__C=10.0 -    5.1s
[CV] svc__gamma=0.1, svc__C=10.0 ................................
[CV] .................... svc__gamma=0.1, svc__C=10.0 -    5.1s
[CV] svc__gamma=0.1, svc__C=10.0 ................................
[CV] .................... svc__gamma=0.1, svc__C=10.0 -    5.2s
[CV] svc__gamma=0.1, svc__C=10.0 ................................
[CV] .................... svc__gamma=0.1, svc__C=10.0 -    5.5s
[CV] svc__gamma=1.0, svc__C=10.0 ................................
[CV] .................... svc__gamma=1.0, svc__C=10.0 -    5.3s
[CV] svc__gamma=1.0, svc__C=10.0 ................................
[CV] .................... svc__gamma=1.0, svc__C=10.0 -    5.3s
[CV] svc__gamma=1.0, svc__C=10.0 ................................
[CV] .................... svc__gamma=1.0, svc__C=10.0 -    5.4s
[CV] svc__gamma=10.0, svc__C=10.0 ...............................
[CV] ................... svc__gamma=10.0, svc__C=10.0 -    5.4s
[CV] svc__gamma=10.0, svc__C=10.0 ...............................
[CV] ................... svc__gamma=10.0, svc__C=10.0 -    5.5s
[CV] svc__gamma=10.0, svc__C=10.0 ...............................
[CV] ................... svc__gamma=10.0, svc__C=10.0 -    5.4s

Wall time: 3min 23s
0.822666666667
[Parallel(n_jobs=1)]: Done   36 out of   36 | elapsed:    3.2min finished
```

代码66的输出说明：使用单线程的网格搜索技术对朴素贝叶斯模型在文本分类任

务中的超参数组合进行调优,共有 12 组超参数×3 折交叉验证＝36 项独立运行的计算任务。该过程一共进行了 3 分 23 秒,寻找到的最佳的超参数组合在测试集上所能达成的最高分类准确性为 82.27%。

3.1.4.2 并行搜索

尽管采用网格搜索结合交叉验证的方法,来寻找更好超参数组合的过程非常耗时;然而,一旦获取比较好的超参数组合,则可以保持一段时间使用。因此这是值得推荐并且相对一劳永逸的性能提升方法。更可喜的是,由于各个新模型在执行交叉验证的过程中间是互相独立的,所以我们可以充分利用多核处理器(Multicore processor)甚至是分布式的计算资源来从事并行搜索(Parallel Grid Search),这样能够成倍地节省运算时间。让我们对代码 66 中超参数搜索的过程略作修改,替换为代码 67 中的并行搜索,看看会有怎样的效率提升。

代码 67：使用多个线程对文本分类的朴素贝叶斯模型的超参数组合执行并行化的网格搜索

```
>>> #从 sklearn.datasets 中导入 20 类新闻文本抓取器。
>>> from sklearn.datasets import fetch_20newsgroups
>>> #导入 numpy,并且重命名为 np。
>>> import numpy as np

>>> #使用新闻抓取器从互联网上下载所有数据,并且存储在变量 news 中。
>>> news=fetch_20newsgroups(subset='all')

>>> #从 sklearn.cross_validation 导入 train_test_split 用来分割数据。
>>> from sklearn.cross_validation import train_test_split

>>> #对前 3000 条新闻文本进行数据分割,25%文本用于未来测试。
>>> X_train, X_test, y_train, y_test=train_test_split(news.data[:3000], news.target[:3000], test_size=0.25, random_state=33)

>>> #导入支持向量机(分类)模型。
>>> from sklearn.svm import SVC

>>> #导入 TfidfVectorizer 文本抽取器。
```

```python
>>> from sklearn.feature_extraction.text import TfidfVectorizer
>>> #导入Pipeline。
>>> from sklearn.pipeline import Pipeline

>>> #使用Pipeline①简化系统搭建流程,将文本抽取与分类器模型串联起来。
>>> clf=Pipeline([('vect', TfidfVectorizer(stop_words='english', analyzer='word')), ('svc', SVC())])

>>> #这里需要试验的2个超参数的个数分别是4、3, svc__gamma的参数共有10^-2, 10^-1...。这样我们一共有12种的超参数组合,12个不同参数下的模型。
>>> parameters={'svc__gamma': np.logspace(-2, 1, 4), 'svc__C': np.logspace(-1, 1, 3)}

>>> #从sklearn.grid_search中导入网格搜索模块GridSearchCV。
>>> from sklearn.grid_search import GridSearchCV

>>> #初始化配置并行网格搜索,n_jobs=-1代表使用该计算机全部的CPU。
>>> gs=GridSearchCV(clf, parameters, verbose=2, refit=True, cv=3, n_jobs=-1)

>>> #执行多线程并行网格搜索。
>>> %time _=gs.fit(X_train, y_train)
>>> gs.best_params_, gs.best_score_

>>> #输出最佳模型在测试集上的准确性。
>>> print gs.score(X_test, y_test)

Fitting 3 folds for each of 12 candidates, totalling 36 fits
Wall time: 51.8 s
0.822666666667
[Parallel(n_jobs=-1)]: Done    36 out of    36 | elapsed:    42.7s finished
```

同样是网格搜索,使用多线程线并行搜索技术对朴素贝叶斯模型在文本分类任务中的超参数组合进行调优,执行同样的36项计算任务一共只花费了51.8秒,寻找到的最佳的超参数组合在测试集上所能达成的最高分类准确性依然为82.27%。我们发现在没有

---

① 拓展小贴士28:在全面了解如何使用sklearn从零搭建机器学习系统之后,作者推荐大家使用Pipeline来简化代码,具体的使用方式可以参考http://scikit-learn.org/stable/modules/pipeline.html#pipeline-chaining-estimators。

影响验证准确性的前提下,通过并行搜索基础有效地利用了 4 核心(CPU)的计算资源,几乎 4 倍地提升了运算速度,节省了最佳超参数组合的搜索时间。

3.2 流行库/模型实践

本书重点介绍的 Scikit-learn 几乎囊括了所有机器学习领域的经典模型。掌握这些模型对于初学者来讲是十分必要的。然而,许多从业者却更加热衷于那些尽管描述复杂但是功能强大、性能强劲的新模型,教科书中的经典显然无法满足他们的胃口。机器学习方法之所以能够在短短十几年间成为计算机科学领域炙手可热的研究话题[①],并且广泛应用于现实生活中的方方面面,很大程度上受惠于其极高的成果转化率。大量描述新模型的论文一经发表,便会立刻被各大业界公司、科研机构所关注。一旦这些新模型被证明可以为商业系统取得更高的性能、获得更多的盈利,那么就会有编程爱好者参与进来从事开源代码的开发,甚至有些会被封装为工具包供给更多的人使用。

本节会列举几个比较成功的案例:用于自然语言(文本)处理的工具包 NLTK;量化词汇语义相似度的词向量(Word2Vec)技术;比许多经典集成模型的性能表现更加强劲的 XGBoost;甚至 Google 最新发布的深度学习框架 Tensorflow。我们将介绍这些时下流行的编程库/工具包的功能,指导大家如何配置和使用他们,并且给出对应的 Python 代码样例。

鉴于本节中所介绍的大多数编程库暂时不支持 Windows 7 SP1 64 位操作系统平台,因此我们只提供在 Mac OS 上的配置步骤:

(1) 先去 Anaconda 官网下载 MAC OS Python 2.7 64bit 的版本,并且按照默认配置点选安装。如果安装成功,在 Terminal 中默认的 Python 解释器环境会被 Anaconda 自带的环境覆盖,重新启用 Python 将如图 3-6 所示。我们可以发现,新的 Python 解释器与图 3-6 中 Mac OS 自带的 Python 解释器环境略有不同。

图 3-6 成功安装 Anaconda 后的 Mac OS Python 2.7.x 解释器样例

---

① http://www.computerworld.com/article/2542247/it-careers/12-it-skills-that-employers-can-t-say-no-to.html。

（2）接着请读者在 Terminal 下运行代码 68 中的 bash 命令，依次安装所需工具包 pip、sklearn、matplotlib、pandas、nltk、gensim、xgboost、tensorflow、skflow。

代码 68：安装本书所有 Python 编程库的 Mac OS Bash 脚本

```
$ #使用 bash 自带的 easy_install 安装 pip，用于后续工具包的简易安装。
$ sudo easy_install pip
$ #确保 pip 升级为最新版本。
$ sudo pip install --upgrade pip

$ #重新向读者确认安装基本工具库，如果已经安装，程序将会有提示。
$ sudo pip install -U numpy
$ sudo pip install -U scipy
$ sudo pip install -U sklearn
$ sudo pip install -U matplotlib
$ sudo pip install -U pandas

$ #安装 NLTK 所需的必要工具包。
$ sudo easy_install -U BeautifulSoup4
$ sudo pip install -U nltk

$ #安装 Word2Vec 技术相关的工具包 gensim。
$ sudo pip install -Ugenism

$ #安装 XGBoost 技术相关的 Python 工具包 xgboost。
$ sudo pip install -U xgboost

$ #安装 Tensorflow 以及更加适合 Scikit-learn 接口的 SkFlow。
$ sudo easy_install -U six
$ sudo pip install --upgradehttps://storage.googleapis.com/tensorflow/mac/tensorflow-0.5.0-py2-none-any.whl
$ pip install git+git://github.com/tensorflow/skflow.git

$ #重新运行 Python 解释器环境。
$ python
```

（3）继续在 Python 中使用如下命令导入所有的工具包，检验是否安装成功。

```
>>> import numpy, scipy, sklearn, pandas, matplotlib, gensim, nltk, xgboost,
```

tensorflow, skflow

（4）接着在 Anaconda 的 Launch 里选择 IPython NoteBook 在那里面新建一个 Python 源代码文件，再输入一次上述代码，检验安装。

（5）如果在检验过程中出现工具包加载错误，请读者复制粘贴对应错误代码到搜索引擎中寻找解决方案①。笔者在配置中也难免会遇到一些小问题，使用搜索引擎寻找解决方案是作为一名程序员必备的良好素质。

3.2.1 自然语言处理包（NLTK）

早期的自然语言处理（Natural Language Processing）是语言学（Linguistics）的一门分支科目，侧重于对人类语言的词法（单词的形成和组成）、句法（单词如何组成短语或者句子的规则）等的研究。但是随着计算机和互联网的兴起，科学家将目光投向了更有前景的领域：计算语言学（Computational Linguistics），即期望借助计算机强大的运算能力和海量的互联网文本，来提高自然语言处理能力。NLP 因此也不再局限在语言学的角度，而是扩展到人工智能（Artifical Intelligence）的研究领域。这项研究开始探讨如何让计算机处理、生成甚至理解人类的自然语言，并且许多传统语言学的任务也逐渐开始被计算机运算所替代。

这一节所介绍的 NLTK（Natural Language ToolKit），是时下非常流行的在 Python 解释器环境中用于自然语言处理的工具包。对于 NLTK 的使用者而言，它就像是一名极其高效的语言学家，为您快速完成对自然语言文本的深层处理和分析。

如果没有自然语言处理技术，对于如下的两行英文句子，除了使用我们在 3.1.1.1 特征抽取一节学习到的词袋法（Bag of Words）之外，似乎没有更多的处理和分析手段，如代码 69 所示。

The cat is walking in the bedroom.
A dog was running across the kitchen.

代码 69：使用词袋法（Bag-of-Words）对示例文本进行特征向量化

```
>>> #将上述两个句子以字符串的数据类型分别存储在变量 sent1 与 sent2 中
>>> sent1='The cat is walking in the bedroom.'
>>> sent2='A dog was running across the kitchen.'
```

---

① 拓展小贴士 29：作者在此处列出几种常见问题的解决方案 http://stackoverflow.com/questions/33900256/error-unknown-locale-utf-8-on-pandas-import-mac-os-x-when-running-fish-sh

```
>>>#从 sklearn.feature_extraction.text 中导入 CountVectorizer
>>>from sklearn.feature_extraction.text import CountVectorizer
>>>count_vec=CountVectorizer()

>>>sentences=[sent1, sent2]

>>>#输出特征向量化后的表示。
>>>print count_vec.fit_transform(sentences).toarray()
[[0 1 1 0 1 1 0 0 2 1 0]
 [1 0 0 1 0 0 1 1 1 0 1]]

>>>#输出向量各个维度的特征含义。
>>>print count_vec.get_feature_names()
[u'across', u'bedroom', u'cat', u'dog', u'in', u'is', u'kitchen', u'running',
u'the', u'walking', u'was']
```

而我们下面所要演示的范例代码 70 则使用 NLTK 对这两句里面所有词汇的形成与性质类属乃至词汇如何组成短语或者句子的规则，做了更加细致地分析。

代码 70：使用 NLTK 对示例文本进行语言学分析

```
>>>#导入 nltk。
>>>import nltk

>>>#对句子进行词汇分割和正规化,有些情况如 aren't 需要分割为 are 和 n't;或者 I'm 要分
割为 I 和 'm。
>>>tokens_1=nltk.word_tokenize(sent1)
>>>print tokens_1

    ['The', 'cat', 'is', 'walking', 'in', 'the', 'bedroom', '.']

>>>tokens_2=nltk.word_tokenize(sent2)
>>>print tokens_2

    ['A', 'dog', 'was', 'running', 'across', 'the', 'kitchen', '.']
```

```
>>> #整理两句的词表,并且按照ASCII的排序输出。
>>> vocab_1=sorted(set(tokens_1))
>>> print vocab_1
    ['.', 'The', 'bedroom', 'cat', 'in', 'is', 'the', 'walking']

>>> vocab_2=sorted(set(tokens_2))
>>> print vocab_2
    ['.', 'A', 'across', 'dog', 'kitchen', 'running', 'the', 'was']

>>> #初始化stemmer寻找各个词汇最原始的词根。
>>> stemmer=nltk.stem.PorterStemmer()
>>> stem_1=[stemmer.stem(t) for t in tokens_1]
>>> print stem_1
[u'The', u'cat', u'is', u'walk', u'in', u'the', u'bedroom', u'.']

>>> stem_2=[stemmer.stem(t) for t in tokens_2]
>>> print stem_2
  [u'A', u'dog', u'wa', u'run', u'across', u'the', u'kitchen', u'.']

>>> #初始化词性标注器,对每个词汇进行标注。
>>> pos_tag_1=nltk.tag.pos_tag(tokens_1)
>>> print pos_tag_1
[('The', 'DT'), ('cat', 'NN'), ('is', 'VBZ'), ('walking', 'VBG'), ('in', 'IN'),
('the', 'DT'), ('bedroom', 'NN'), ('.', '.')]

>>> pos_tag_2=nltk.tag.pos_tag(tokens_2)
>>> print pos_tag_2
  [('A', 'DT'), ('dog', 'NN'), ('was', 'VBD'), ('running', 'VBG'), ('across',
'IN'), ('the', 'DT'), ('kitchen', 'NN'), ('.', '.')]
```

3.2.2 词向量(Word2Vec)技术

我们在"3.1.1.1 特征抽取"节详细介绍了如何通过词袋法(Bag of Words),即以每个词汇为特征,向量化表示一个文本;并且提供了几种特征量化的技术,如 CountVectorizer 和 TfidfVectorizer。词袋法(Bag of Words)可以视作对文本向量化的表示技术,通过这项技术可以对文本之间在内容的相似性进行一定程度的度量。但是对于的两段文本，词袋法(Bag of Words)技术似乎对计算他们的相似度表现得无能为力。

The cat is walking in the bedroom.

A dog was running across the kitchen.

尽管从语义上讲，这两段文本所描述的场景极为相似；但是，从词袋法表示来看，这两段文本唯一相同的词汇是 the，找不到任何语义层面的联系。

而在"3.2.1 自然语言处理包(NLTK)"节中，我们进一步学习到如何借助更加复杂的自然语言处理技术对文本进行分析。这使得我们不仅能够对词汇的具体词性进行标注，甚至可以对句子进行解构。然而，即便我们能够使用 NLTK 中的词性标注技术对上述两段文本进行分析，找出对应词汇在词性方面的相似性，也无法针对具体词汇之间的含义是否相似进行度量。

因此，为了寻找词汇之间的相似度关系，我们试图也将词汇的表示向量化。这样就可以通过计算表示词汇的向量之间的相似度，来度量词汇之间的含义是否相似。而为了学习到这样的词向量表示，Yoshua 教授等人(参考文献 [13])以及 Google 研究员 Mikolov 等人(参考文献[14])分别从神经网络模型的角度提出了自己的框架。

鉴于本书受众的机器学习理论背景不一，作者在这里只是借由 Yoshua 教授的论文[13]中所绘的图 3-7 形象地解释其学习过程，并且在解释的过程中会涉及一些与配置相关的超参数，请读者留意：首先，我们要明确，句子中的连续词汇片段，也被称作上下文 (Context)。词汇之间的联系就是通过无数这样的上下文建立的。以这样一句英文为例：*The cat is walking in the bedroom*. 如果我们需要这句话中所有上下文数量为 4 的连续词汇片段，那么就有 *The cat is walking*、*cat is walking in*、*is walking in the* 以及 *walking in the bedroom*。从语言模型(Language Model)的角度来讲，每个连续词汇片段的最后一个单词究竟有可能是什么，都是受到前面 3 个词汇的制约。因此，这就形成了一个根据前面 3 个单词，预测最后一个单词的监督学习系统。如果我们使用神经网络框架来描述，便是图 3-7 所代表的一个监督学习的神经网络模型。当上下文数量为 n 的时候，提供给这个网络的输入(Input)都是前 $n-1$ 个连续的词汇片段 $w_{t-n+1},\cdots,w_{t-1}$，指向的目标输出(Output)就是最后一个单词 w_t。而在网络中，用于计算的都是这些词汇的向量表示，如 $C(w_{t-1})$，每一个红色实心圆都代表词向量中的元素。每个词汇红色实心圆的个数代表了词向量的维度(Dimension)，并且所有词汇的维度都是一致的。神经网络的训练也是一个通过不断迭代、更新参数循环往复的过程①，而我们从图 3-7 这个网络最终获得的就是每个词汇独特的向量表示。

---

① 拓展小贴士 30：神经网络是一个复杂的话题，笔者不打算在本书过多谈论。关于神经网络的基础知识讲解，我们会集中安排在 3.2.4 TensorFlow 框架一节。

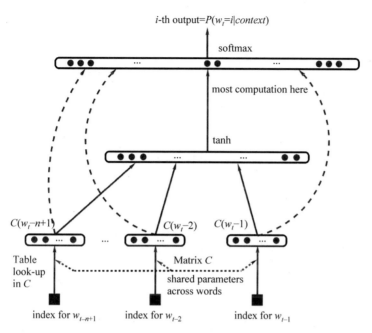

图 3-7　一个基于神经网络的语言模型，图片来源于参考文献[13]

本节，我们将使用 gensim 工具包，利用代码 71 对之前在本书中多次用到的 20 类新闻文本（20newsgroups）进行词向量训练；并且通过抽样几个词汇，查验 Word2Vec 技术是否可以在不借助任何语言学知识的前提下，寻找到相似的其他词汇。

代码 71：用 20 类新闻文本（20newsgroups）进行词向量训练

```
>>>#从 sklearn.datasets 导入 20 类新闻文本抓取器。
>>>from sklearn.datasets import fetch_20newsgroups
>>>#通过互联网即时下载数据。
>>>news=fetch_20newsgroups(subset='all')
>>>X, y=news.data, news.target

>>>#从 bs4 导入 BeautifulSoup。
>>>from bs4 import BeautifulSoup
>>>#导入 nltk 和 re 工具包。
>>>import nltk, re
```

```python
>>> #定义一个函数名为 news_to_sentences 讲每条新闻中的句子逐一剥离出来,并返回一个
句子的列表。
>>> def news_to_sentences(news):
>>>     news_text=BeautifulSoup(news).get_text()
>>>     tokenizer =nltk.data.load('tokenizers/punkt/english.pickle')
>>>     raw_sentences=tokenizer.tokenize(news_text)
>>>     sentences=[]
>>>     for sent in raw_sentences:
>>>         sentences.append(re.sub('[^a-zA-Z]', ' ', sent.lower().strip()).split())
>>> return sentences

>>> sentences=[]

>>> #将长篇新闻文本中的句子剥离出来,用于训练。
>>> for x in X:
>>>     sentences +=news_to_sentences(x)

>>> #从 gensim.models 里导入 word2vec。
>>> from gensim.models import word2vec

>>> #配置词向量的维度。
>>> num_features=300
>>> #保证被考虑的词汇的频度。
>>> min_word_count=20
>>> #设定并行化训练使用 CPU 计算核心的数量,多核可用。
>>> num_workers=2
>>> #定义训练词向量的上下文窗口大小。
>>> context=5
>>> downsampling=1e-3

>>> #从 gensim.models 导入 word2vec。
>>> from gensim.models import word2vec

>>> #训练词向量模型。
>>> model=word2vec.Word2Vec(sentences, workers=num_workers, \
            size=num_features, min_count=min_word_count, \
            window=context, sample=downsampling)
```

```
>>> #这个设定代表当前训练好的词向量为最终版,也可以加快模型的训练速度。
>>> model.init_sims(replace=True)

>>> #利用训练好的模型,寻找训练文本中与 morning 最相关的 10 个词汇。
>>> model.most_similar('morning')
[(u'afternoon', 0.7533695697784424),
 (u'weekend', 0.6581624746322632),
 (u'evening', 0.6570416688919067),
 (u'saturday', 0.63960862159729),
 (u'yesterday', 0.6292878985404968),
 (u'friday', 0.6119368076324463),
 (u'sunday', 0.6075364351272583),
 (u'tuesday', 0.6071774959564209),
 (u'monday', 0.6050551533699036),
 (u'thursday', 0.5909229516983032)]

>>> #利用训练好的模型,寻找训练文本中与 email 最相关的 10 个词汇。
>>> model.most_similar('email')
[(u'mail', 0.6806867718696594),
 (u'replies', 0.6374378204345703),
 (u'respond', 0.5839084386825562),
 (u'contact', 0.5823279619216919),
 (u'send', 0.5804370641708374),
 (u'address', 0.5789896249771118),
 (u'snail', 0.5748004913330078),
 (u'requests', 0.5558102130889893),
 (u'addresses', 0.5551006197929382),
 (u'postal', 0.5530245304107666)]
```

通过观察代码 71 的两组输出,我们不难发现,在不使用语言学词典的前提下,词向量技术仍然可以借助上下文信息找到词汇之间的相似性。这一技术不仅节省了大量专业人士的作业时间,而且也可以作为一个基础模型应用到更加复杂的自然语言处理任务中。

最后,笔者需要向读者们指出的是,词向量的训练结果很大程度上受所提供的文本影响。换言之,这些词向量绝不是固定的;您也可以灵活运用这个模型,训练不同文本内部独有的词向量。

3.2.3 XGBoost 模型

提升(Boosting)分类器隶属于集成学习模型。它的基本思想是把成百上千个分类准确率较低的树模型组合起来,成为一个准确率很高的模型。这个模型的特点在于不断迭代,每次迭代就生成一颗新的树。对于如何在每一步生成合理的树,大家提出了很多的方法,比如我们在集成(分类)模型中提到的梯度提升树(Gradient Tree Boosting)。它在生成每一棵树的时候采用梯度下降的思想,以之前生成的所有决策树为基础,向着最小化给定目标函数的方向再进一步。

在合理的参数设置下,我们往往要生成一定数量的树才能达到令人满意的准确率。在数据集较大较复杂的时候,模型可能需要几千次迭代运算。但是,XGBoost 工具更好地解决这个问题。XGBoost 的全称是 eXtreme Gradient Boosting。正如其名,它是 Gradient Boosting Machine 的一个 C++ 实现,作者是目前在华盛顿大学研究机器学习的陈天奇博士。他在研究中深感自己受制于现有库的计算速度和精度,因此在 2014 年 9 月开始着手搭建 XGBoost 项目,并在 2015 年夏天逐渐成形。XGBoost 最大的特点在于能够自动利用 CPU 的多线程进行并行;同时按照陈天奇等人论文[12]中的说法,他们也在算法上加以改进提高了精度。

本节,我们将在代码 72 中使用 XGBoost 模型,根据泰坦尼克号的乘客数据上进行生还者预测;同时也与其他我们在书中提到的集成分类模型进行性能比较。

代码 72:对比随机决策森林以及 XGBoost 模型对泰坦尼克号上的乘客是否生还的预测能力

```
>>> # 导入 pandas 用于数据分析。
>>> import pandas as pd

>>> # 通过 URL 地址来下载 Titanic 数据。
>>> titanic = pd.read_csv('http://biostat.mc.vanderbilt.edu/wiki/pub/Main/DataSets/titanic.txt')

>>> # 选取 pclass、age 以及 sex 作为训练特征。
>>> X = titanic[['pclass', 'age', 'sex']]
>>> y = titanic['survived']

>>> # 对缺失的 age 信息,采用平均值方法进行补全,即以 age 列已知数据的平均数填充。
>>> X['age'].fillna(X['age'].mean(), inplace=True)
```

```python
>>> #对原数据进行分割,随机采样25%作为测试集。
>>> from sklearn.cross_validation import train_test_split
>>> X_train, X_test, y_train, y_test=train_test_split(X, y, test_size=0.25, random_state=33)

>>> #从sklearn.feature_extraction导入DictVectorizer。
>>> from sklearn.feature_extraction import DictVectorizer
>>> vec=DictVectorizer(sparse=False)

>>> #对原数据进行特征向量化处理。
>>> X_train=vec.fit_transform(X_train.to_dict(orient='record'))
>>> X_test=vec.transform(X_test.to_dict(orient='record'))

>>> #采用默认配置的随机森林分类器对测试集进行预测。
>>> from sklearn.ensemble import RandomForestClassifier
>>> rfc=RandomForestClassifier()
>>> rfc.fit(X_train, y_train)
>>> print 'The accuracy of Random Forest Classifier on testing set:', rfc.score(X_test, y_test)
```

The accuracy of Random Forest Classifier on testing set: 0.775075987842

```
>>> #采用默认配置的XGBoost模型对相同的测试集进行预测。
>>> from xgboost import XGBClassifier
>>> xgbc=XGBClassifier()
>>> xgbc.fit(X_train, y_train)
XGBClassifier(base_score=0.5, colsample_bylevel=1, colsample_bytree=1,
  gamma=0, learning_rate=0.1, max_delta_step=0, max_depth=3,
  min_child_weight=1, missing=None, n_estimators=100, nthread=-1,
  objective='binary:logistic', reg_alpha=0, reg_lambda=1,
  scale_pos_weight=1, seed=0, silent=True, subsample=1)

>>> print 'The accuracy of eXtreme Gradient Boosting Classifier on testing set:', xgbc.score(X_test, y_test)
```

```
The accuracy of eXtreme Gradient Boosting Classifier on testing set:
0.787234042553
```

通过对上述输出的观察,我们可以发现,XGBoost 分类模型的确可以发挥更好的预测能力。而事实上,不仅仅只是 Titanic 这一个数据分析任务,XGBoost 之所以如此负有盛名,更是因为该模型在多项数据分析竞赛中帮助选手取得名次。对于具体如何在实战中使用 XGBoost,这些参赛选手也道出了他们的经验,感兴趣的读者可以参考如下链接:

http://blog.kaggle.com/2015/11/30/flavour-of-physics-technical-write-up-1st-place-go-polar-bears/

http://blog.kaggle.com/2015/09/22/caterpillar-winners-interview-1st-place-gilberto-josef-leustagos-mario/

http://blog.kaggle.com/2015/10/21/recruit-coupon-purchase-winners-interview-2nd-place-halla-yang/

3.2.4 Tensorflow 框架

2015 年 10 月 5 日,谷歌为 TensorFlow 提交了注册商标申请(登记编号 86778464),并这样描述它:(1)用以编写程序的计算机软件;(2)计算机软件开发工具;(3)可应用于人工智能、深度学习、高性能计算、分布式计算、虚拟化和机器学习这些领域;(4)软件库可应用于通用目的的计算、数据收集的操作、数据变换、输入输出、通信、图像显示、人工智能等领域的建模和测试;(5)软件可用作应用于人工智能等领域的应用程序接口(API)。

2015 年 11 月 9 日,Google 宣布对 Tensorflow 开源。一时间,Tensorflow 在 GitHub 上面的下载量跃升至全站第 2 位,可见全世界兴趣爱好者对这款开源软件的热情。作者曾在前言中说过,现如今许多知名的 IT 企业,如 Google、Facebook、Microsoft、Apple 甚至国内的百度,无不在机器学习研究领域给予非常大的资金和人力的投入;但是,鲜有将内部使用的平台公之于众。当然,作者虽然不认为 Google 这次的做法完全是一次"慈善捐助"①,但是不管怎样这样的举措的确令人拍手叫好。

许多人开始以为 Tensorflow 只是一个用于深入学习研究的系统,其实不然。应该

---

① 拓展小贴士 31:Google 在其将近 20 年的发展历程中,不乏这种"战略性"的论文发表甚至代码开源,从而对整个 IT 领域产生革命性影响的例子。其中包括:发表 MapReduce 这种分布式存储和计算框架的介绍论文(参考文献[15]),从而产生了 Hadoop、Spark 等;开源 Android 手机操作系统,几年之间雄霸移动端操作系统市场,与苹果公司的 iOS 一较高下。不知道这次公开 Tensorflow 这个曾在 Google 内部作为机器学习的系统框架,是否也意味着 Google 正在为今后的人工智能革命进行战略布局。换言之,如果有更多的数据科学家开始使用 Tensorflow 来从事机器学习方面的研究,那么作者冒昧揣测,这将有利于 Google 对日益发展的机器学习行业拥有更多的主导权。

说,这是一个完整的编码框架。就如同我们按照 Python 编程语法设计程序一样,Tensorflow 内部也有自己所定义的常量、变量、数据操作等要素。不同的是,Tensorflow 使用图(Graph)来表示计算任务;并使用会话(Session)来执行图。如代码 73 所示,我们以使用显式会话输出一句话作为例子。

代码 73:使用 Tensorflow 输出一句话

```
>>> #导入 tensorflow 工具包并重命名为 tf。
>>> import tensorflow as tf
>>> #导入 numpy 并重命名为 np。
>>> import numpy as np

>>> #初始化一个 Tensorflow 的常量:Hello Google Tensorflow! 字符串,并命名为 greeting 作为一个计算模块。
>>> greeting=tf.constant('Hello Google Tensorflow! ')

>>> #启动一个会话。
>>> sess=tf.Session()
>>> #使用会话执行 greeting 计算模块。
>>> result=sess.run(greeting)
>>> #输出会话执行的结果。
>>> print result
>>> #关闭会话。这是一种显式关闭会话的方式。
>>> sess.close()
```
Hello Google Tensorflow!

可以说,代码 73 是许多介绍编程的书籍开篇的老套路。不过代码 74 会告诉大家,Tensorflow 是如何像搭积木一样将各个不同的计算模块拼接成流程图,完成一次线性函数的计算,并在一个隐式会话中执行的。

代码 74:使用 Tensorflow 完成一次线性函数的计算

```
>>> #声明 matrix1 为 Tensorflow 的一个 1*2 的行向量。
>>> matrix1=tf.constant([[3.,3.]])
>>> #声明 matrix2 为 Tensorflow 的一个 2*1 的列向量。
>>> matrix2=tf.constant([[2.],[2.]])
```

```
>>> #product 将上述两个算子相乘,作为新算例。
>>> product=tf.matmul(matrix1, matrix2)

>>> #继续将 product 与一个标量 2.0 求和拼接,作为最终的 linear 算例。
>>> linear=tf.add(product, tf.constant(2.0))

>>> #直接在会话中执行 linear 算例,相当于将上面所有的单独算例拼接成流程图来执行。
>>> with tf.Session() as sess:
>>>     result=sess.run(linear)
>>>     print result
    [[ 14.]]
```

尽管代码 73 和代码 74 可以说明 Tensorflow 是一个编程框架,但是截至目前还没有显示出其机器学习的能力。那么接下来的代码 75 将要向各位读者展示如何利用 Tensorflow 自行搭建一个线性分类器,重新对 1.1 机器学习综述一节的"良/恶性乳腺癌肿瘤"从事预测。与直接使用 Scikit-learn 中已经编写好的 LogiticRegression 模型不同,Tensorflow 允许使用者自由选取不同操作,并组织一个学习系统。这里我们对所要使用的线性分类器做一个简化:取 0.5(良性肿瘤为 0,恶性肿瘤为 1)为界,并采用最小二乘法拟合模型参数。

代码 75:使用 Tensorflow 自定义一个线性分类器用于对"良/恶性乳腺癌肿瘤"进行预测

```
>>> #导入 tensorflow。
>>> import tensorflow as tf
>>> #导入 numpy。
>>> import numpy as np
>>> #导入 pandas。
>>> import pandas as pd

>>> #从本地使用 pandas 读取乳腺癌肿瘤的训练和测试数据。
>>> train=pd.read_csv('../Datasets/Breast-Cancer/breast-cancer-train.csv')
>>> test=pd.read_csv('../Datasets/Breast-Cancer/breast-cancer-test.csv')

>>> #分隔特征与分类目标。
>>> X_train=np.float32(train[['Clump Thickness', 'Cell Size']].T)
```

```
>>> y_train=np.float32(train['Type'].T)
>>> X_test=np.float32(test[['Clump Thickness', 'Cell Size']].T)
>>> y_test=np.float32(test['Type'].T)

>>> #定义一个tensorflow的变量b作为线性模型的截距,同时设置初始值为1.0。
>>> b=tf.Variable(tf.zeros([1]))
>>> #定义一个tensorflow的变量W作为线性模型的系数,并设置初始值为-1.0至1.0之间
均匀分布的随机数。
>>> W=tf.Variable(tf.random_uniform([1, 2], -1.0, 1.0))

>>> #显式定义这个线性函数。
>>> y=tf.matmul(W, X_train) +b

>>> #使用tensorflow中的reduce_mean取得训练集上均方误差。
>>> loss=tf.reduce_mean(tf.square(y - y_train))

>>> #使用梯度下降法估计参数W,b,并且设置迭代步长为0.01,这个与Scikit-learn中的
SGDRegressor类似。
>>> optimizer=tf.train.GradientDescentOptimizer(0.01)

>>> #以最小二乘损失为优化目标。
>>> train=optimizer.minimize(loss)

>>> #初始化所有变量。
>>> init=tf.initialize_all_variables()

>>> #开启Tensorflow中的会话。
>>> sess=tf.Session()

>>> #执行变量初始化操作。
>>> sess.run(init)

>>> #迭代1000轮次,训练参数。
>>> for step in xrange(0, 1000):
>>>     sess.run(train)
>>>     if step % 200 ==0:
>>>         print step, sess.run(W), sess.run(b)
```

```
0 [[ 0.32832965   0.01579139]] [-0.06232916]
200 [[ 0.06633329   0.06811267]] [-0.08111253]
400 [[ 0.05831201   0.07677723]] [-0.08568323]
600 [[ 0.05788761   0.07736142]] [-0.08667096]
800 [[ 0.05786182   0.07741673]] [-0.08684841]
```

```
>>> #准备测试样本。
>>> test_negative=test.loc[test['Type']==0][['Clump Thickness', 'Cell Size']]
>>> test_positive=test.loc[test['Type']==1][['Clump Thickness', 'Cell Size']]

>>> #以最终更新的参数作图 3-8。
>>> import matplotlib.pyplot as plt
>>> plt.scatter(test_negative['Clump Thickness'], test_negative['Cell Size'], marker='o', s=200, c='red')
>>> plt.scatter(test_positive['Clump Thickness'], test_positive['Cell Size'], marker='x', s=150, c='black')

>>> plt.xlabel('Clump Thickness')
>>> plt.ylabel('Cell Size')

>>> lx=np.arange(0, 12)

>>> #这里要强调一下,我们以 0.5 作为分界面,所以计算方式如下。
>>> ly= (0.5 -sess.run(b) -lx * sess.run(W)[0][0]) / sess.run(W)[0][1]

>>> plt.plot(lx, ly, color ='green')
>>> plt.show()
```

对比图 3-8 与图 3-9 中的二分类直线的位置,可以发现使用 Tensorflow 自定义线性分类器也可以取得与使用 Scikit-learn 相近的效果。也许对于机器学习背景知识了解不多的读者来讲,这样按照理论和算法一点点搭建学习系统实在是太难了。没有关系,我们即将介绍另一个对 Tensorflow 进一步的封装,以求与 Scikit-learn 的使用接口类似的工具包 skflow。

skflow 非常适合于熟悉 Scikit-learn 编程接口(API)的使用者,而且利用 Tensorflow 的运算架构和模块封装了许多经典的机器学习模型,如线性回归器、深度全连接的神经网

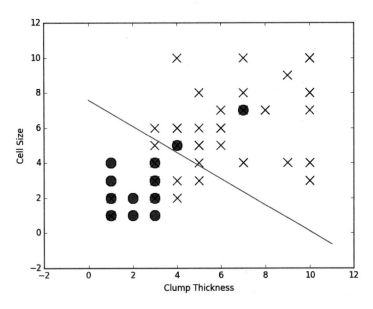

图 3-8　使用 Tensorflow 自定义一个线性分类器在"良/恶性乳腺癌肿瘤"数据上学习到的二分类直线（见彩图）

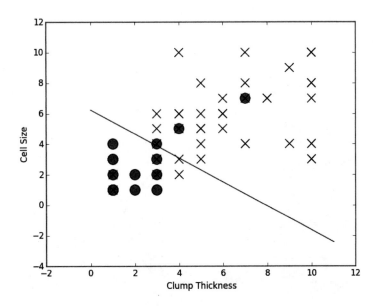

图 3-9　使用 Scikit-learn 的 LogisticRegression 模型训练得到的二分类直线（见彩图）

络(Deep Neural Network,简称 DNN)等。考虑到代码编写风格的一致性和可读性,推荐在今后的实践中使用 skflow。尽管如此,skflow 仍然支持使用 Tensorflow 的基础算子自定义学习流程,特别是用于搭建如图 3-10(来自 https://www.tensorflow.org/)所示的神经网络。为了让读者更好地理解 Tensorflow 以及 skflow 中的人工神经网络模型(Artifical Neural Network),在展示如何实践 skflow 之前,先介绍一些有关人工神经网络的发展历史和相关知识。

神经网络的研究起源于 20 世纪 50～60 年代。那个时候还没有太多的计算机科学家参与人工智能的研究,再加上人类对计算机的了解也刚刚开始,于是一些 AI 的先驱者期待可以借鉴一些人类神经科学的研究成果来构建人工智能。一些研究神经元的生物学家发现了神经(大脑)信息传递的大致工作原理,如图 3-11 所示,神经元的树突(Dendrite)

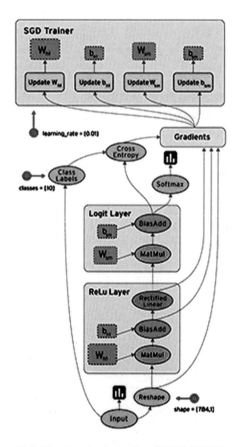

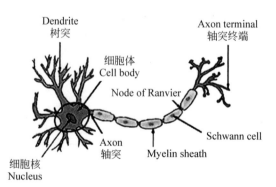

图 3-10　Google Tensorflow 搭建神经网络　　　　图 3-11　神经元的基本结构和组成

接收其他神经元传递过来的信息,然后神经细胞体对信息进行加工之后,会通过轴突(Axon)把加工后的信息传递到轴突终端(Axon terminal)然后再传递给其他神经元的树突。就这样,大量的神经元就连接成了一个结构复杂的神经网络。

于是,早期人工智能的研究人员打算先从计算机模拟人类神经元的角度切入,比较具有代表性的是弗兰克·罗森布拉特(Frank Rosenblatt)的感知机(Perceptron)模型[16]。几乎和生物学上的神经元类似,感知机的计算结构如图3-12所示,包括n维输入信号(Input) $\boldsymbol{x} = <x_1, x_2, \cdots, x_n, 1>$、对应的参数(Parameters)向量 $\boldsymbol{w} = <w_1, w_2, \cdots, w_n>$ 和截距 b,输出(Output)信号 y 等。

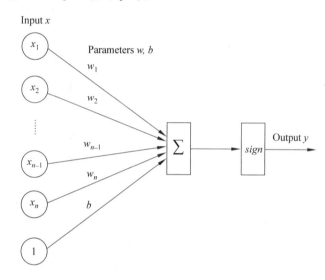

图3-12　罗森布拉特感知机(Perceptron)模型

罗森布拉特感知机(Perceptron)在具体运算上采用线性加权求和的方式处理输入信号,即

$$y = \text{sign}(\boldsymbol{w}^\text{T} \boldsymbol{x} + b) \tag{22}$$

式(22)为了模拟神经元的行为,定义了式(23)所示的激活(符号)函数,由此我们可以知道感知机最终会产生两种离散数值的输出(Output)信号:

$$\text{sign}(z) = \begin{cases} +1, & z \geqslant 0 \\ -1, & z < 0 \end{cases} \tag{23}$$

事实上,Rosenblatt 的感知机(Perceptron)模型最大的贡献并不在于其对神经元的结构的模拟,而是 Rosenblatt 本人设计了一套算法,使得感知机可以通过不断地根据训练数据更新参数,达到具备线性二分类模型的学习能力。这个算法以现在的眼光看来与

随机梯度下降(SGD)方法很像,但是在当时可谓轰动一时,也极大地调动了人工智能研究者的热情。因为这实现了人们长久所期待的计算机具备自适应能力的愿景。

不过好景不长,MIT 人工智能实验室创始人 Marvin Minsky 和 Seymour 在 1969 年出版了一本题名为《Perceptrons》的书,其中严谨地分析了感知机学习模型;并且使用异或(XOR)运算这一经典例子,道破了单层 Perceptron 在处理实际问题方面的局限性。正如图 3-13 所示,目前所了解的感知机模型可以处理线性二分类问题,即可以对 AND、NAND 以及 OR 这些运算产生的类别结果进行区分;但是很显然,我们无论如何也无法找到一条二维空间的直线用来分割 XOR 所产生的数据点。

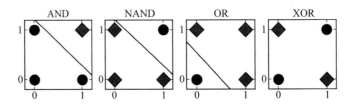

图 3-13　使用感知机区分并(AND)、与非(NAND)、或(OR)以及异或(XOR)运算所产生的数据,图片摘自[8](见彩图)

正因为 Marvin Minsky 和 Seymour 的这本著作,使得神经网络的研究在 20 世纪 70 年代陷入低潮。实际上,《Perceptrons》[17] 这本书并没有完全否定单层感知机的科学贡献;同时也提到可以通过叠加多层感知机(Multi-layer Perceptrons)来完成对异或(XOR)运算的非线性拟合。然而,之所以大家丧失了继续对感知机研究的热情,主要是因为许多人发现无法再继续使用 Rosenblatt 的学习算法作用在多层感知机上。一方面,历史证明设计并验证一套有效的新算法总是要花费长达几年甚至十几年的时间;另一方面,就如之前所提到的,虽然 Rosenblatt 提出的算法与随机梯度下降(SGD)法在形式上类似,但是式(23)这种分段函数导致无法平滑地求得梯度。

不过,依然有人在这场科研寒冬中坚持了下来,他们是 David Rumelhart,Geoffrey Hinton 和 Ronald Williams。从 1985 年开始,这三位科学家所发表的一系列论文[18,19]重新激发了如图 3-14 所示的多层感知机(人工神经网络)的研究热潮。这些论文重点阐述了如何使用诸如逻辑斯蒂(Logistic Function)这类连续平滑的函数替换原有分段的符号函数(Sign),作为激发函数;以及如何使用回溯(Back Propagating,BP)算法逐层更新参数。

接下来的几年,从事人工神经网络(Artificial Neural Network,ANN)研究的科研人员渐渐陷入了两难的境地:一方面大家越发觉得隐藏层数(hidden layers)更多的神经网络可以表达更加复杂的现实数据,使深度神经网络拥有更高的性能;但是另一方面,一旦

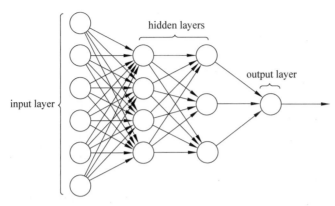

图 3-14　多层感知机（人工神经网络）模型架构，图片摘自于[21]

隐藏层数增加得过多，BP 算法在回溯误差时衰退得越明显，甚至无法对输出层（input layer）参数的更新起到明显作用，而且更容易让模型优化陷入局部最优解。

2006 年，Hinton 教授的研究团队再次发表论文[20]利用预训练（Pre-training）的方式缓解了局部最优解的问题，将隐藏层的数量推进到 7 层，并由此掀起了深度学习（Deep Learning）的热潮。

之所以介绍上述关于神经网络的基础知识和发展历史，是因为笔者即将要在代码 76 中使用 skflow 中的深度神经网络（DNN）对"美国波士顿房价"进行回归预测，并且与集成回归模型对比性能差异；同时，也方便读者理解代码 76 中对 DNN 的各项配置。

代码 76：使用 skflow 内置的 LinearRegressor、DNN 以及 Scikit-learn 中的集成回归模型对"美国波士顿房价"数据进行回归预测

```
>>>#一次性导入sklearn中的多个模块。
>>>from sklearn import datasets, metrics, preprocessing, cross_validation

>>>#使用datasets.load_boston读取美国波士顿房价数据。
>>>boston=datasets.load_boston()

>>>#获取房屋数据特征以及对应房价。
>>>X, y=boston.data, boston.target

>>>#分割数据，随机采样25%作为测试样本。
>>>X_train, X_test, y_train, y_test=cross_validation.train_test_split(X, y, test_size=0.25, random_state=33)
```

```
>>> #对数据特征进行标准化处理。
>>> scaler=preprocessing.StandardScaler()
>>> X_train=scaler.fit_transform(X_train)
>>> X_test=scaler.transform(X_test)

>>> #导入skflow。
>>> import skflow

>>> #使用skflow的LinearRegressor。
>>> tf_lr=skflow.TensorFlowLinearRegressor(steps=10000, learning_rate=0.01, batch_size=50)
>>> tf_lr.fit(X_train, y_train)
>>> tf_lr_y_predict=tf_lr.predict(X_test)

>>> #输出skflow中LinearRegressor模型的回归性能。
>>> print 'The mean absolute error of Tensorflow Linear Regressor on boston dataset is', metrics.mean_absolute_error(tf_lr_y_predict, y_test)
>>> print 'The mean squared error of Tensorflow Linear Regressor on boston dataset is', metrics.mean_squared_error(tf_lr_y_predict, y_test)
>>> print 'The R-squared value of Tensorflow Linear Regressor on boston dataset is', metrics.r2_score(tf_lr_y_predict, y_test)
```

```
Step #1, avg. loss: 595.96338
Step #1001, epoch #125, avg. loss: 105.57941
Step #2001, epoch #250, avg. loss: 21.24366
Step #3001, epoch #375, avg. loss: 21.37193
Step #4001, epoch #500, avg. loss: 21.29527
Step #5001, epoch #625, avg. loss: 21.21216
Step #6001, epoch #750, avg. loss: 21.18802
Step #7001, epoch #875, avg. loss: 21.19276
Step #8001, epoch #1000, avg. loss: 21.28822
Step #9001, epoch #1125, avg. loss: 21.17799
The mean absolute error of Tensorflow Linear Regressor on boston dataset is
3.51069934875
The mean squared error of Tensorflow Linear Regressor on boston dataset is
25.1175995458
```

The R - squared value of Tensorflow Linear Regressor on boston dataset is 0.620007674595

```
>>> #使用skflow的DNNRegressor,并且注意其每个隐层特征数量的配置。
>>> tf_dnn_regressor=skflow.TensorFlowDNNRegressor(hidden_units=[100, 40],
    steps=10000, learning_rate=0.01, batch_size=50)
>>> tf_dnn_regressor.fit(X_train, y_train)
>>> tf_dnn_regressor_y_predict=tf_dnn_regressor.predict(X_test)

>>> #输出skflow中DNNRegressor模型的回归性能。
>>> print 'The mean absolute error of Tensorflow DNN Regressor on boston dataset is', metrics.mean_absolute_error(tf_dnn_regressor_y_predict, y_test)
>>> print 'The mean squared error of Tensorflow DNN Regressor on boston dataset is', metrics.mean_squared_error(tf_dnn_regressor_y_predict, y_test)
>>> print 'The R-squared value of Tensorflow DNN Regressor on boston dataset is', metrics.r2_score(tf_dnn_regressor_y_predict, y_test)
```

Step #1, avg. loss: 640.79572
Step #1001, epoch #125, avg. loss: 25.67079
Step #2001, epoch #250, avg. loss: 3.89196
Step #3001, epoch #375, avg. loss: 2.48694
Step #4001, epoch #500, avg. loss: 1.91246
Step #5001, epoch #625, avg. loss: 1.62935
Step #6001, epoch #750, avg. loss: 1.45105
Step #7001, epoch #875, avg. loss: 1.30371
Step #8001, epoch #1000, avg. loss: 1.20998
Step #9001, epoch #1125, avg. loss: 1.12960
The mean absolute error of Tensorflow DNN Regressor on boston dataset is 2.52779822988
The mean squared error of Tensorflow DNN Regressor on boston dataset is 14.2553529174
The R - squared value of Tensorflow DNN Regressor on boston dataset is 0.803518644048

```
>>> #使用Scikit-learn的RandomForestRegressor。
>>> from sklearn.ensemble import RandomForestRegressor
>>> rfr=RandomForestRegressor()
```

```
>>> rfr.fit(X_train, y_train)
>>> rfr_y_predict=rfr.predict(X_test)

>>> #输出 Scikit 中 RandomForestRegressor 模型的回归性能。
>>> print 'The mean absoluate error of Sklearn Random Forest Regressor on boston dataset is', metrics.mean_absolute_error(rfr_y_predict, y_test)
>>> print 'The mean squared error of Sklearn Random Forest Regressor on boston dataset is', metrics.mean_squared_error(rfr_y_predict, y_test)
>>> print 'The R- squared value of Sklearn Random Forest Regressor on boston dataset is', metrics.r2_score(rfr_y_predict, y_test)

The mean absoluate error of Sklearn Random Forest Regressor on boston dataset is
2.50771653543
The mean squared error of Sklearn Random Forest Regressor on boston dataset is
14.3741984252
The R- squared value of Sklearn Random Forest Regressor on boston dataset is
0.796699065196
```

通过观察代码 76 的一系列输出，可以对比发现深度神经网络的确可以表现出更高的性能。但是，需要提醒读者的是，越是具备描述复杂数据的强力模型，越容易在训练时陷入过拟合（Overfitting）。这一点，请读者在配置 DNN 的层数和每层特征元的数量时要特别注意。

3.3 章末小结

对于想要深入了解机器学习模型，并且把他们真正用于实践的读者而言，这一章的内容是必不可少的。事实上，不论是对数据的预处理，还是对于模型参数的限制以及超参数的调优，甚至是使用更为强力的模型与框架，都很有可能显著地提升性能。尽管从科学研究的角度，许多人关注如何设计模型与编写训练参数的算法；但是，作为工业界的从业人员和机器学习任务的实践者，更加注重如何最大限度地发挥既有模型在特定数据分析任务务中的性能。

因篇幅限制，无法逐一对介绍的新模型进行性能提升的实践，希望感兴趣的读者参考本章节的示例代码 http://pan.baidu.com/s/1dENAUTr 以及 http://pan.baidu.com/s/1mhQe4g4 进一步学习，并欢迎致信讨论。

第 4 章

实 战 篇

如果读者已经阅读到这一个章节,那么非常高兴地通知您:截至目前,您所学习到的理论技术已经足以应对现实生活中常见的问题。因此,本书的最后一个章节将带领读者正式进入机器学习的竞赛实战。我们选取目前世界上最为流行,同时也是认可度最高、参与人数最多的线上竞赛平台 Kaggle(https://www.kaggle.com/);并且将逐步教会大家如何使用学习过的模型和编程技巧挑战业界 IT 公司、科研院所在 Kaggle 上发布的若干机器学习任务。

4.1 Kaggle 平台简介

Kaggle 是当前世界上最为流行的,采用众包(Crowdsouring)策略,为科技公司、研究院所乃至高校课程提供数据分析与预测模型的竞赛平台。该平台成立于 2010 年 4 月,由现任 CEO 的 Anthony Goldboom 等人创立。公司总部设在美国加州旧金山市。

Kaggle 平台设立的宗旨在于:汇聚全世界从事数据分析与预测的专家以及兴趣爱好者的集体智慧,利用公开数据竞赛的方式,为科技公司、研究院所和高校课程中的研发课题,提供有效的解决方案。这一初衷使得问题提出者与解决者获得了双赢。

一方面,许多科技公司、研究院和高校拥有大量的数据分析任务和研发课题。如果仅仅依靠有限的内部研究人员处理和分析;不但耗费大量的时间,而且支付给这些拥有博士学位的研究人员的薪资也是极其高昂的。这也是为什么只有少数实力雄厚的高新科技公司拥有内部的研究院,如 Google Research、Microsoft Research、百度深度学习研究院等等。如果仅仅拿出一小部分奖金(迄今为止,Kaggle 平台上最常见的悬赏是 $ 50 000,大约是一位在美国 IT 企业工作的普通职位科研人员一个季度的薪水),便可以向全世界的聪明人征集解决方案,那何乐而不为呢?

另一方面,越来越多有从事数据分析与预测工作意愿的兴趣爱好者,因为难以获得大量可供分析的数据，使得自己的才华难以施展。造成这一问题的主要原因在于，科研机构和大型企业非常看重数据的价值，特别是那些和自己主流业务相关的数据。比如，Google 服务器上所存储的全世界互联网用户的搜索日志。对于外部个体的兴趣爱好者，要想获得这些企业和科研机构的数据几乎是不可能的事。但是，如果有一个像 Kaggle 这样著名的大型平台，随着这上面聚拢的兴趣爱好者甚至行业专家越来越多，大型企业和科研机构也会逐渐信赖这些参赛者，并且放心地提供一些重要数据。

如果读者是第一次登录 Kaggle 平台，如图 4-1 所示，那么您可以查阅所有的竞赛资料，只是无法下载数据和提交结果。

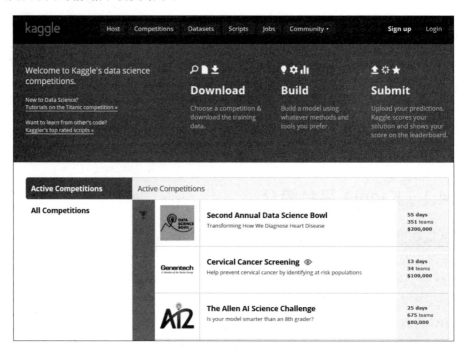

图 4-1　Kaggle 平台主页

如果已经注册一个 Kaggle 账户并且通过邮箱验证之后，便可以选择其中一个竞赛①，并且按照如下的流程参与即可。

- **下载数据（Download）**：几乎所有类型的 Kaggle 项目都会在线提供数据下载。并且，如图 4-2 所示，用户需要在第一次下载数据的时候选择接受竞赛要求的条款，

---

① 拓展小贴士 32：平台上有正在进行的竞赛和已经完成的竞赛两种类型。对于正在进行的竞赛，只要参与并且提交过结果，都会在账户中有相应记录；同样可以选择已经完成的竞赛，只是不会对您在平台的积分有任何贡献。

否则无法下载数据。

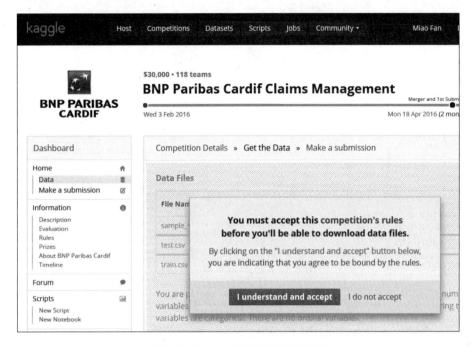

图 4-2　Kaggle 竞赛数据下载页面

- **搭建模型（Build）**：如果已经在自己的电脑上完整配置了搭建模型所需要的编程环境和工具包，或者拥有运算能力更加强大、资源更加丰富的服务器平台；那么，在本地计算机上设计学习模型无疑是一个好的选择。但是，如果手头没有配置完善的运算设备的话，Kaggle 则为您提供了可以线上编程的云平台。Kaggle 的云平台支持多种适合建模的编程语言，如图 4-3 所示，包括比较流行的 Python、R 等；并且这个平台无一例外地安装了所有本书中提到的工具包。美中不足的是，当下这个平台无法为每位用户提供过多的计算资源，普通账户只能使用 512MB 的硬盘空间，而且单个运算脚本最多可以运行 20 分钟。
- **提交结果（Submit）**：Kaggle 不会要求参赛者提交编程源代码，只需根据限定的格式上交最终预测结果的文件即可。一般情况下，每个竞赛都独立的格式范例，并且与训练数据等一起提供给参赛者下载。参赛者在第一次提交结果文件的时候，Kaggle 会询问选手参与竞赛的组队方式，如图 4-4 所示，即个人还是团队。一旦提交的文件符合限定的格式，平台会根据目标竞赛所设计的评估程序，对选手当前提交的结果即时做出评价和排名；并且，如图 4-5 所示，多数竞赛都会限制参赛

图 4-3　Kaggle 在线编程页面

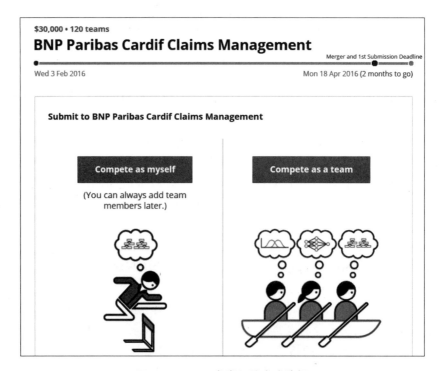

图 4-4　Kaggle 参赛组队方式选择

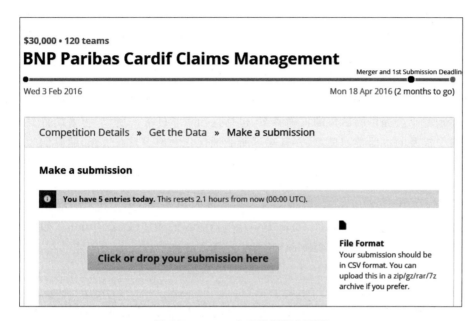

图 4-5　Kaggle 竞赛结果提交页面

者每天提交结果的次数,这一点希望读者留意。当竞赛结束之后,Kaggle 会以每位参赛者历史最好成绩做出最终的排名。

按照上述三个步骤便可以尽情在 Kaggle 上实战了。在后续的章节里,将介绍三个长期在 Kaggle 平台上挂载的实践任务,它们是:4.2 Titanic 罹难乘客预测、4.3 IMDB 影评得分估计以及 4.4 MNIST 手写体数字图片识别。同时为了让大家更快熟悉 3.2 节介绍过的流行机器学习模型和框架,我们在解决这些竞赛任务的时候不仅使用了 Scikit-learn 中的经典模型,而且分别在"4.2 Titanic 罹难乘客预测"节中额外采用了 XGBoost 模型;在"4.3 IMDB 影评得分估计"节中使用了 Word2Vec 词向量技术;甚至在"4.4 MNIST 手写体数字图片识别"节使用了 Google Tensorflow 的深度学习框架。

尽管因能力所限,我们在书中的代码无法帮助读者们取得理想的竞赛名次;但是,笔者由衷地希望这些代码至少可以起到"抛砖引玉"的作用,为各位今后更加出色的实战编程提供些许参考。

4.2　Titanic 罹难乘客预测

与"2.1.1.5 决策树"节所探索的任务一样,Kaggle 也在其平台上发布了"泰坦尼克号罹难乘客"的预测任务；并且这个预测问题一直作为其平台的教学任务，供初学者熟悉 Kaggle 的竞赛流程。时至今日已有几千名选手设计了他们的模型，同时网站的自动评估系统也对他们所提交的结果做了测试，并且发布了排名。

因此，作者打算带领读者，通过这项兼具有纪念和缅怀意义的任务，来完成一次真正的实战演练，并与他人同台竞技。这跟之前我们在书中的实践略有不同的是，Kaggle 上的实战问题都不会提供测试集的正确答案，包括这项教学任务。所以，笔者期待大家不断地尝试书中提及的机器学习模型，并且竭尽所能地优化它们。只有这样，朋友们才能从不懈的实战中积累经验，最终达到熟练掌握机器学习的应用技巧、快速构建机器学习系统的目的。

正如图 4-6 所示，在 Titanic 罹难乘客预测任务的竞赛主页的左边栏（Dashboard），您不仅可以查阅当前竞赛的信息（Information），包括竞赛的描述（Description）、如何评价提交结果（Evaluation）、竞赛规则（Rules）还有奖金悬赏的细节（Prizes）；还能够在 Data 页面中下载必要的数据，进而在 Make a submission 页面提交结果。

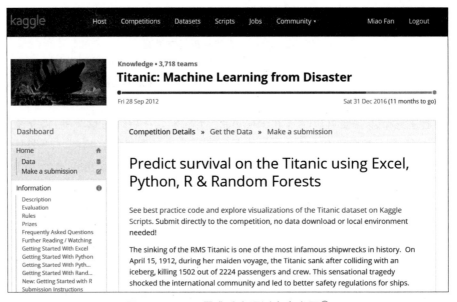

图 4-6 Titanic 罹难乘客预测竞赛主页[①]

- **下载数据**：虽然我们可以在 Data 页面看到 7 个文件下载。但是，用于竞赛的数据只有 train.csv（59.76KB）和 test.csv（27.96KB）文件。笔者这里下载这两份数据

---

① https://www.kaggle.com/c/titanic

到本地计算机的 Datasets/Titanic 文件夹下。
- **搭建模型**：接下来，读者可以有两种选择编写代码，一种是在自己的本地计算机编写代码；另一种是直接在 Kaggle 平台上编写代码并在线运行。对于后者，您只需在左边栏点击 New Script，进入类似于图 4-2 所示的 Kaggle 在线编程页面，按照所给的代码范例，并注意文件读写的正确路径即可。这里只给出本地 IPython Notebook 中运行的代码。如下面的代码 77 所示，不仅使用随机森林分类器与 XGBoost 模型，而且均采用交叉验证的方法搜索最优的超参数组合。

代码 77：Titanic 罹难乘客预测竞赛编码示例

```
>>> # 导入 pandas 方便数据读取和预处理。
>>> import pandas as pd

>>> # 分别对训练和测试数据从本地进行读取。
>>> train=pd.read_csv('../Datasets/titanic/train.csv')
>>> test=pd.read_csv('../Datasets/titanic/test.csv')
>>> # 先分别输出训练与测试数据的基本信息。这是一个好习惯,可以对数据的规模、各个特征的数据类型以及是否有缺失等,有一个总体的了解。
>>> print train.info()
>>> print test.info()
```

```
<class 'pandas.core.frame.DataFrame'>
Int64Index: 891 entries, 0 to 890
Data columns (total 12 columns):
PassengerId    891 non-null int64
Survived       891 non-null int64
Pclass         891 non-null int64
Name           891 non-null object
Sex            891 non-null object
Age            714 non-null float64
SibSp          891 non-null int64
Parch          891 non-null int64
Ticket         891 non-null object
Fare           891 non-null float64
Cabin          204 non-null object
Embarked       889 non-null object
dtypes: float64(2), int64(5), object(5)
```

```
memory usage: 90.5+KB
None

<class 'pandas.core.frame.DataFrame'>
Int64Index: 418 entries, 0 to 417
Data columns (total 11 columns):
PassengerId    418 non-null int64
Pclass 418 non-null int64
Name 418 non-null object
Sex 418 non-null object
Age 332 non-null float64
SibSp 418 non-null int64
Parch 418 non-null int64
Ticket 418 non-null object
Fare 417 non-null float64
Cabin 91 non-null object
Embarked 418 non-null object
dtypes: float64(2), int64(4), object(5)
memory usage: 39.2+KB
None
```

```
>>> #按照我们之前对Titanic事件的经验,人工选取对预测有效的特征。
>>> selected_features=['Pclass', 'Sex', 'Age', 'Embarked', 'SibSp', 'Parch','Fare']

>>> X_train=train[selected_features]
>>> X_test=test[selected_features]

>>> y_train=train['Survived']

>>> #通过我们之前对数据的总体观察,得知Embarked特征存在缺失值,需要补完。
>>> print X_train['Embarked'].value_counts()
>>> print X_test['Embarked'].value_counts()
```

```
S    644
C    168
Q     77
```

```
Name: Embarked, dtype: int64
S    270
C    102
Q     46
Name: Embarked, dtype: int64
```

>>> #对于Embarked这种类别型的特征,我们使用出现频率最高的特征值来填充,这也是相对可以减少引入误差的一种填充方法。

>>> X_train['Embarked'].fillna('S', inplace=True)
>>> X_test['Embarked'].fillna('S', inplace=True)

>>> #而对于Age这种数值类型的特征,我们习惯使用求平均值或者中位数来填充缺失值,也是相对可以减少引入误差的一种填充方法。
>>> X_train['Age'].fillna(X_train['Age'].mean(), inplace=True)
>>> X_test['Age'].fillna(X_test['Age'].mean(), inplace=True)
>>> X_test['Fare'].fillna(X_test['Fare'].mean(), inplace=True)

>>> #重新对处理后的训练和测试数据进行查验,发现一切就绪。
>>> X_train.info()

```
<class 'pandas.core.frame.DataFrame'>
Int64Index: 891 entries, 0 to 890
Data columns (total 7 columns):
Pclass      891 non-null int64
Sex         891 non-null object
Age         891 non-null float64
Embarked    891 non-null object
SibSp       891 non-null int64
Parch       891 non-null int64
Fare        891 non-null float64
dtypes: float64(2), int64(3), object(2)
memory usage: 55.7+ KB
```

>>> X_test.info()

```
<class 'pandas.core.frame.DataFrame'>
Int64Index: 418 entries, 0 to 417
Data columns (total 7 columns):
Pclass       418 non-null int64
Sex          418 non-null object
Age          418 non-null float64
Embarked     418 non-null object
SibSp        418 non-null int64
Parch        418 non-null int64
Fare         418 non-null float64
dtypes: float64(2), int64(3), object(2)
memory usage: 26.1+KB
```

```python
>>> #接下来便是采用DictVectorizer对特征向量化。
>>> from sklearn.feature_extraction import DictVectorizer
>>> dict_vec=DictVectorizer(sparse=False)
>>> X_train=dict_vec.fit_transform(X_train.to_dict(orient='record'))
>>> dict_vec.feature_names_
```

```
['Age',
 'Embarked=C',
 'Embarked=Q',
 'Embarked=S',
 'Fare',
 'Parch',
 'Pclass',
 'Sex=female',
 'Sex=male',
 'SibSp']
```

```python
>>> X_test=dict_vec.transform(X_test.to_dict(orient='record'))

>>> #从sklearn.ensemble中导入RandomForestClassifier。
>>> from sklearn.ensemble import RandomForestClassifier
>>> #使用默认配置初始化RandomForestClassifier。
>>> rfc=RandomForestClassifier()

>>> #从流行工具包xgboost导入XGBClassifier用于处理分类预测问题。
```

```
>>> from xgboost import XGBClassifier
>>> #也使用默认配置初始化XGBClassifier。
>>> xgbc=XGBClassifier()

>>> from sklearn.cross_validation import cross_val_score
>>> #使用5折交叉验证的方法在训练集上分别对默认配置的RandomForestClassifier以及
XGBClassifier进行性能评估,并获得平均分类准确性的得分。
>>> cross_val_score(rfc, X_train, y_train, cv=5).mean()
0.80591729091594499
>>> cross_val_score(xgbc, X_train, y_train, cv=5).mean()
0.81824559798311003

>>> #使用默认配置的RandomForestClassifier进行预测操作。
>>> rfc.fit(X_train,y_train)
>>> rfc_y_predict=rfc.predict(X_test)
>>> rfc_submission=pd.DataFrame({'PassengerId': test['PassengerId'], 'Survived':
rfc_y_predict})
>>> #将默认配置的RandomForestClassifier对测试数据的预测结果存储在文件rfc_
submission.csv中。
>>> rfc_submission.to_csv('../Datasets/Titanic/rfc_submission.csv', index=
False)

>>> #使用默认配置的XGBClassifier进行预测操作。
>>> xgbc.fit(X_train, y_train)
XGBClassifier(base_score=0.5, colsample_bylevel=1, colsample_bytree=1,
       gamma=0, learning_rate=0.1, max_delta_step=0, max_depth=3,
       min_child_weight=1, missing=None, n_estimators=100, nthread=-1,
       objective='binary:logistic', reg_alpha=0, reg_lambda=1,
       scale_pos_weight=1, seed=0, silent=True, subsample=1)

>>> xgbc_y_predict=xgbc.predict(X_test)
>>> #将默认配置的XGBClassifier对测试数据的预测结果存储在文件xgbc_submission
.csv中。
>>> xgbc_submission=pd.DataFrame({'PassengerId': test['PassengerId'],
'Survived': xgbc_y_predict})
xgbc_submission.to_csv('../Datasets/Titanic/xgbc_submission.csv', index=
False)
```

```
>>> #使用并行网格搜索的方式寻找更好的超参数组合,以期待进一步提高XGBClassifier的
预测性能。
>>> from sklearn.grid_search import GridSearchCV
>>> params={'max_depth':range(2, 7), 'n_estimators':range(100, 1100, 200),
'learning_rate':[0.05, 0.1, 0.25, 0.5, 1.0]}

>>> xgbc_best=XGBClassifier()
>>> gs=GridSearchCV(xgbc_best, params, n_jobs=-1, cv=5, verbose=1)
>>> gs.fit(X_train, y_train)
```

```
Fitting 5 folds for each of 125 candidates, totalling 625 fits
[Parallel(n_jobs=-1)]: Done 122 tasks       | elapsed:   10.0s
[Parallel(n_jobs=-1)]: Done 278 tasks       | elapsed:   21.7s
[Parallel(n_jobs=-1)]: Done 528 tasks       | elapsed:   45.4s
[Parallel(n_jobs=-1)]: Done 625 out of 625  | elapsed:   54.8s finished

GridSearchCV(cv=5, error_score='raise',
       estimator=XGBClassifier(base_score=0.5, colsample_bylevel=1,
       colsample_bytree=1,
       gamma=0, learning_rate=0.1, max_delta_step=0, max_depth=3,
       min_child_weight=1, missing=None, n_estimators=100, nthread=-1,
       objective='binary:logistic', reg_alpha=0, reg_lambda=1,
       scale_pos_weight=1, seed=0, silent=True, subsample=1),
       fit_params={}, iid=True, n_jobs=-1,
       param_grid={'n_estimators': [100, 300, 500, 700, 900], 'learning_rate':
       [0.05, 0.1, 0.25, 0.5, 1.0], 'max_depth': [2, 3, 4, 5, 6]},
       pre_dispatch='2*n_jobs', refit=True, scoring=None, verbose=1)
```

```
>>> #查验优化之后的XGBClassifier的超参数配置以及交叉验证的准确性。
>>> print gs.best_score_
>>> print gs.best_params_
```
```
0.835016835017
{'n_estimators': 100, 'learning_rate': 0.1, 'max_depth': 5}
```

```
>>> #使用经过优化超参数配置的XGBClassifier对测试数据的预测结果存储在文件xgbc_
best_submission.csv中。
```

```
>>>xgbc_best_y_predict=gs.predict(X_test)
>>>xgbc_best_submission=pd.DataFrame({'PassengerId': test['PassengerId'],
'Survived': xgbc_best_y_predict})
>>>xgbc_best_submission.to_csv('../Datasets/Titanic/xgbc_best_submission.csv',
index=False)
```

提交结果：着重注意的是，在今后的实战中，一定要严格遵守竞赛数据中所提供的样例提交文件的格式。因为所有参赛选手所提交的文件，都会在网站后台由程序自动按照 Evaluation 中的评估函数进行评价，而且稍有不符合格式的提交文件都不会被评估程序所考量，更不必说取得竞赛的名次。

按照代码 77 所设定的输出，得到 3 个用于提交预测结果的文件：rfc_submission.csv、xgbc_submission.csv 以及 xgbc_best_submission.csv；并且如图 4-7 所示，Kaggle 竞赛平台的自动测评系统给出了上述 3 个提交文件的最终性能表现。图 4-7 所示的 Kaggle 测评结果也许有些出乎意料，我们原本以为经过超参数搜索和优化之后的模型可以取得更好的预测性能，但是事实恰恰相反。在今后的实践中也有可能出现这样的情况，究其原因是因为无法保证现实数据都来源于同一种分布，因此尽管模型经过交叉验证和超参数搜索等步骤处理，也不能保证在所有情况下都能取得更高的性能。

Submission	Files	Public Score	Selected?
Wed, 03 Feb 2016 02:37:30 Edit description	xgbc_best_submission.csv	0.74163	☐
Wed, 03 Feb 2016 02:35:45 Edit description	xgbc_submission.csv	0.77512	☐
Wed, 03 Feb 2016 02:31:58 Edit description	rfc_submission.csv	0.75598	☐

图 4-7 Titanic 罹难乘客预测竞赛的提交结果

4.3 IMDB 影评得分估计

"4.2 Titanic 罹难乘客预测"一节所使用的数据，不论是其形式还是规模都无法与大量现实分析任务涉及的数据相当。因此在本节，如图 4-8 所示，我们另选 Kaggle 上的一项竞赛任务：IMDB 影评得分估计。与上节结构化良好的小规模档案数据不同的是，本节的竞赛任务要求参赛者分析电影评论网站的留言，判断每条留言的情感倾向。不仅在规模上要比泰坦尼克号乘客数据大上几个量级，而且原始数据也不及之前的格式化。

图 4-8　IMDB 影评得分估计竞赛主页[①]

- **下载数据**：IMDB 影评得分估计竞赛任务一共为参赛者提供了 4 份不同的数据文件，其中包括：已经标有情感倾向的训练文件 labeledTrainData.tsv，里面有 25000 条影评以及对应的情感倾向标识；待测试文件 testData.tsv，同样也另有 25000 条电影评论；还有一份无标注但是数据量更大的影评文件 unlabeldTrainData.tsv；最后是一份样例文件 sampleSubmission.csv 用来告知参赛者最终结果的提交格式。
- **搭建模型**：接下来分别采用 Scikit-learn 中的朴素贝叶斯模型以及隶属于集成模型的梯度提升树分类模型，对电影评论进行文本情感分析。具体而言，如代码 78 所示，在朴素贝叶斯模型中依然使用"词袋法"对每条电影评论进行特征向量化，并且借助 CountVectorizer 和 TfidfVectorizer；另一方面，先利用无标注影评文件中训练词向量，然后将每条电影评论中所有词汇的平均向量作为特征训练梯度提升树分类模型。

---

① https://www.kaggle.com/c/word2vec-nlp-tutorial.

代码 78：IMDB 影评得分估计竞赛编码示例[①]

```
>>> # 导入 pandas 用于读取和写入数据操作。
>>> import pandas as pd

>>> # 从本地读入训练与测试数据集。
>>> train=pd.read_csv('../Datasets/IMDB/labeledTrainData.tsv', delimiter='\t')
>>> test=pd.read_csv('../Datasets/IMDB/testData.tsv', delimiter='\t')

>>> # 查验一下前几条训练数据。
>>> train.head()
```

	id	sentiment	review
0	5814_8	1	With all this stuff going down at the moment w...
1	2381_9	1	\The Classic War of the Worlds\"by Timothy Hi...
2	7759_3	0	The film starts with a manager(Nicholas Bell)...
3	3630_4	0	It must be assumed that those who praised this ...
4	9495_8	1	Superbly trashy and wondrously unpretentious 8...

```
>>> # 查验一下前几条测试数据。
>>> test.head()
```

	id	review
0	12311_10	Naturally in a film who's main themes are of m...
1	8348_2	This movie is a disaster within a disaster fil...
2	5828_4	All in all, this is a movie for kids. We saw i...
3	7186_2	Afraid of the Dark left me with the impression...
4	12128_7	A very accurate depiction of small time mob li...

```
>>> # 从 bs4 导入 BeautifulSoup 用于整洁原始文本。
>>> from bs4 import BeautifulSoup
>>> # 导入正则表达式工具包。
>>> import re
```

[①] 部分参考自 https://github.com/wendykan/DeepLearningMovies

```python
>>> #从 nltk.corpus 里导入停用词列表。
>>> from nltk.corpus import stopwords

>>> #定义 review_to_text 函数,完成对原始评论的三项数据预处理任务。
>>> def review_to_text(review, remove_stopwords):
>>> #任务 1: 去掉 html 标记。
>>>     raw_text=BeautifulSoup(review, 'html').get_text()
>>> #任务 2: 去掉非字母字符。
>>>     letters=re.sub('[^a-zA-Z]', ' ', raw_text)
>>>     words=letters.lower().split()
>>> #任务 3: 如果 remove_stopwords 被激活,则进一步去掉评论中的停用词。
>>>     if remove_stopwords:
>>>         stop_words=set(stopwords.words('english'))
>>>         words=[w for w in words if w not in stop_words]
>>> #返回每条评论经此三项预处理任务的词汇列表。
>>> return words

>>> #分别对原始训练和测试数据集进行上述三项预处理。
>>> X_train=[]
>>> for review in train['review']:
>>>     X_train.append(' '.join(review_to_text(review, True)))
>>> X_test=[]
>>> for review in test['review']:
>>>     X_test.append(' '.join(review_to_text(review, True)))

>>> y_train=train['sentiment']

>>> #导入文本特性抽取器 CountVectorizer 与 TfidfVectorizer。
>>> from sklearn.feature_extraction.text import CountVectorizer, TfidfVectorizer
>>> #从 Scikit-learn 中导入朴素贝叶斯模型。
>>> from sklearn.naive_bayes import MultinomialNB
>>> #导入 Pipeline 用于方便搭建系统流程。
>>> from sklearn.pipeline import Pipeline
>>> #导入 GridSearchCV 用于超参数组合的网格搜索。
>>> from sklearn.grid_search import GridSearchCV
```

```python
>>> # 使用Pipeline搭建两组使用朴素贝叶斯模型的分类器,区别在于分别使用
CountVectorizer与TfidfVectorizer对文本特征进行抽取。
>>> pip_count = Pipeline([('count_vec', CountVectorizer(analyzer='word')), ('mnb', MultinomialNB())])
>>> pip_tfidf = Pipeline([('tfidf_vec', TfidfVectorizer(analyzer='word')), ('mnb', MultinomialNB())])

>>> #分别配置用于模型超参数搜索的组合。
>>> params_count = {'count_vec__binary':[True, False], 'count_vec__ngram_range':[(1, 1), (1, 2)], 'mnb__alpha':[0.1, 1.0, 10.0]}
>>> params_tfidf = {'tfidf_vec__binary':[True, False], 'tfidf_vec__ngram_range':[(1, 1), (1, 2)], 'mnb__alpha':[0.1, 1.0, 10.0]}

>>> #使用采用4折交叉验证的方法对使用CountVectorizer的朴素贝叶斯模型进行并行化超参数搜索。
>>> gs_count = GridSearchCV(pip_count, params_count, cv=4, n_jobs=-1, verbose=1)
>>> gs_count.fit(X_train, y_train)

>>> #输出交叉验证中最佳的准确性得分以及超参数组合。
>>> print gs_count.best_score_
>>> print gs_count.best_params_
```

```
Fitting 4 folds for each of 12 candidates, totalling 48 fits
0.88128
{'mnb__alpha': 1.0, 'count_vec__binary': True, 'count_vec__ngram_range': (1, 2)}
[Parallel(n_jobs=-1)]: Done  48 out of  48 | elapsed: 11.4min finished
```

```python
>>> #以最佳的超参数组合配置模型并对测试数据进行预测。
>>> count_y_predict = gs_count.predict(X_test)

>>> #使用采用4折交叉验证的方法对使用TfidfVectorizer的朴素贝叶斯模型进行并行化超参数搜索。
>>> gs_tfidf = GridSearchCV(pip_tfidf, params_tfidf, cv=4, n_jobs=-1, verbose=1)
>>> gs_tfidf.fit(X_train, y_train)
>>> #输出交叉验证中最佳的准确性得分以及超参数组合。
```

```
>>> print gs_tfidf.best_score_
>>> print gs_tfidf.best_params_

Fitting 4 folds for each of 12 candidates, totalling 48 fits
0.88736
{'tfidf_vec__ngram_range': (1, 2), 'tfidf_vec__binary': True, 'mnb__alpha': 0.1}
[Parallel(n_jobs=-1)]: Done   48 out of   48 | elapsed: 12.6min finished

>>> #以最佳的超参数组合配置模型并对测试数据进行预测。
>>> tfidf_y_predict=gs_tfidf.predict(X_test)

>>> #使用pandas对需要提交的数据进行格式化。
>>> submission_count=pd.DataFrame({'id': test['id'], 'sentiment': count_y_predict})
>>> submission_tfidf=pd.DataFrame({'id': test['id'], 'sentiment': tfidf_y_predict})
>>> #结果输出到本地硬盘。
>>> submission_count.to_csv('../Datasets/IMDB/submission_count.csv', index=False)
>>> submission_tfidf.to_csv('../Datasets/IMDB/submission_tfidf.csv', index=False)

>>> #从本地读入未标记数据。
>>> unlabeled_train=pd.read_csv('../Datasets/IMDB/unlabeledTrainData.tsv', delimiter='\t', quoting=3)

>>> #导入nltk.data
>>> import nltk.data

>>> #准备使用nltk的tokenizer对影评中的英文句子进行分割。
>>> tokenizer=nltk.data.load('tokenizers/punkt/english.pickle')

>>> #定义函数review_to_sentences逐条对影评进行分句。
>>> def review_to_sentences(review, tokenizer):
>>>     raw_sentences=tokenizer.tokenize(review.strip())
>>>     sentences=[]
>>>     for raw_sentence in raw_sentences:
```

```
>>>         if len(raw_sentence) >0:
>>>             sentences.append(review_to_text(raw_sentence, False))
>>>     return sentences

>>> corpora=[]
>>> #准备用于训练词向量的数据。
>>> for review in unlabeled_train['review']:
>>>     corpora += review_to_sentences(review.decode('utf8'), tokenizer)

>>> #配置训练词向量模型的超参数。
>>> num_features=300
>>> min_word_count=20
>>> num_workers=4
>>> context=10
>>> downsampling=1e-3

>>> #从 gensim.models 导入 word2vec
>>> from gensim.models import word2vec
>>> #开始词向量模型的训练。
>>> model=word2vec.Word2Vec(corpora, workers=num_workers, \
            size=num_features, min_count=min_word_count, \
            window=context, sample=downsampling)

>>> model.init_sims(replace=True)

>>> model_name="../Datasets/IMDB/300features_20minwords_10context"
>>> #可以将词向量模型的训练结果长期保存于本地硬盘。
>>> model.save(model_name)

>>> #直接读入已经训练好的词向量模型。
>>> from gensim.models import Word2Vec
>>> model=Word2Vec.load("../Datasets/IMDB/300features_20minwords_10context")

>>> #探查一下该词向量模型的训练成果。
>>> model.most_similar("man")
[(u'woman', 0.6285387873649597),
 (u'lad', 0.5965538620948792),
```

```
(u'lady', 0.5933366417884827),
(u'guy', 0.5359011888504028),
(u'soldier', 0.5327591896057129),
(u'priest', 0.5269299149513245),
(u'chap', 0.523842453956604),
(u'person', 0.5220147371292114),
(u'monk', 0.512861967086792),
(u'men', 0.5102326273918152)]
```

```python
>>> import numpy as np

>>> #定义一个函数使用词向量产生文本特征向量。
>>> def makeFeatureVec(words, model, num_features):
>>>     featureVec=np.zeros((num_features,),dtype="float32")
>>>     nwords=0.
>>>     index2word_set=set(model.index2word)
>>>     for word in words:
>>>         if word in index2word_set:
>>>             nwords=nwords +1.
>>>             featureVec=np.add(featureVec,model[word])
>>>     featureVec=np.divide(featureVec,nwords)
>>>     return featureVec

>>> #定义另一个每条影评转化为基于词向量的特征向量(平均词向量)。
>>> def getAvgFeatureVecs(reviews, model, num_features):
>>>     counter=0
>>>     reviewFeatureVecs=np.zeros((len(reviews),num_features),dtype="float32")

>>>     for review in reviews:
>>>         reviewFeatureVecs[counter]=makeFeatureVec(review, model, num_features)
>>>         counter +=1
>>>     return reviewFeatureVecs

>>> #准备新的基于词向量表示的训练和测试特征向量。
>>> clean_train_reviews=[]
>>> for review in train["review"]:
```

```
>>>     clean_train_reviews.append(review_to_text(review, remove_stopwords=True))

>>> trainDataVecs=getAvgFeatureVecs(clean_train_reviews, model, num_features)

>>> clean_test_reviews=[]
>>> for review in test["review"]:
>>>     clean_test_reviews.append(review_to_text(review, remove_stopwords=True))

>>> testDataVecs=getAvgFeatureVecs(clean_test_reviews, model, num_features)

>>> #从sklearn.ensemble导入GradientBoostingClassifier模型进行影评情感分析。
>>> from sklearn.ensemble import GradientBoostingClassifier

>>> #从sklearn.grid_search导入GridSearchCV用于超参数的网格搜索。
>>> from sklearn.grid_search import GridSearchCV

>>> gbc=GradientBoostingClassifier()

>>> #配置超参数的搜索组合。
>>> params_gbc={'n_estimators':[10, 100, 500], 'learning_rate':[0.01, 0.1, 1.0], 'max_depth': [2, 3, 4]}

>>> gs=GridSearchCV(gbc, params_gbc, cv=4, n_jobs=-1, verbose=1)

>>> gs.fit(trainDataVecs, y_train)

>>> #输出网格搜索得到的最佳性能以及最优超参数组合。
>>> print gs.best_score_
>>> print gs.best_params_
```

```
Fitting 4 folds for each of 27 candidates, totalling 108 fits
[Parallel(n_jobs=-1)]: Done   42 tasks      | elapsed: 147.5min
[Parallel(n_jobs=-1)]: Done 108 out of 108 | elapsed: 308.2min finished
0.85692
{'n_estimators': 500, 'learning_rate': 0.1, 'max_depth': 4}
```

```
>>> #使用超参数调优之后的梯度上升树模型进行预测。
>>> result=gs.predict(testDataVecs)
>>> output=pd.DataFrame( data={"id":test["id"], "sentiment":result} )
>>> output.to_csv( "../Datasets/IMDB/submission_w2v.csv", index=False, quoting=3)
```

- **提交结果**：最后，按照代码78所设定的输出，我们得到三个用于提交预测结果的文件，分别是：submission_count.csv、submission_tfidf.csv 以及 submission_w2v.csv；并且如图4-9所示，Kaggle竞赛平台的自动测评系统给出了上述3个提交文件的最终性能表现。其中使用 TfidfVectorizer 搭配朴素贝叶斯模型取得了最好的预测性能。

Submission	Files	Public Score	Private Score	Selected?
Post-Deadline: Mon, 15 Feb 2016 04:24:49 Edit description	submission_w2v.csv	0.85468	0.85468	☐
Post-Deadline: Mon, 15 Feb 2016 04:24:21 Edit description	submission_tfidf.csv	0.86508	0.86508	☐
Post-Deadline: Mon, 15 Feb 2016 04:23:16 Edit description	submission_count.csv	0.86372	0.86372	☐

图 4-9　IMDB 影评得分预测竞赛的提交结果

4.4　MNIST 手写体数字图片识别

与前面两项与文本分析相关的竞赛任务不同，MNIST 手写体数字图片识别竞赛主要关注对数字图片的识别。并且在数据规模和图片分辨率上，也远远高于之前在书中用到的 Scikit-learn 中集成的数据。曾经，这项任务是那些从事图像相关的机器学习研究者的经典入门级课题。现在，如图 4-10 所示，这个任务数据同样也被发布到 Kaggle 上，供全世界的兴趣爱好者免费下载分析与学习。

- **下载数据**：这个任务所提供的下载数据非常简单清晰，只有两个文件，分别是带有数字类别的 train.csv 与测试文件 test.csv。每个手写体数字图像在这两份文件中都被首尾拼接为一个 28×28＝784 维的像素向量，而且每个像素都使用 [0,

1]之间的灰度值来显示手写笔画的明暗程度,如图 4-11 所示。

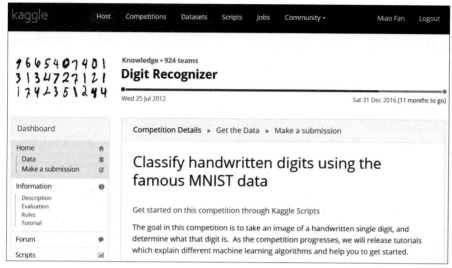

图 4-10　MNIST 手写体数字图片识别竞赛主页①

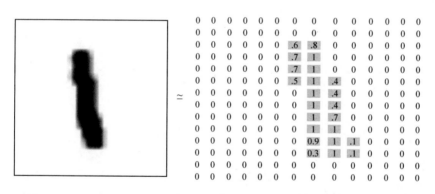

图 4-11　MNIST 手写体数字图片像素表示矩阵,图片来自于 Tensorflow.org

- **搭建模型**：接下来,我们将采用多种基于 skflow 工具包的模型完成大规模手写体数字图片识别的任务。如代码 79 所示,这些模型包括：线性回归器、全连接并包含三个隐层的深度神经网络(DNN)以及一个较为复杂但是性能强大的卷积神经网络(CNN)。

---

① https://www.kaggle.com/c/digit-recognizer

代码79：MNIST 手写体数字图片识别竞赛编码示例[①]

```
#导入 pandas 并重命名为 pd。
>>> import pandas as pd

#使用 pandas 从本地读取 MNIST 手写体数字训练图片集。
>>> train=pd.read_csv('../Datasets/MNIST/train.csv')
#查验训练样本数量为 42000 条；数据维度为 785。
>>> train.shape
```
(42000, 785)

```
#使用 pandas 从本地读取 MNIST 手写体数字测试图片集。
>>> test=pd.read_csv('../Datasets/MNIST/test.csv')
#查验训练样本数量为 28000 条；特征维度为 784。
>>> test.shape
```
(28000, 784)

```
#将训练集中的数据特征与对应标记分离。
>>> y_train=train['label']
>>> X_train=train.drop('label', 1)

#准备测试特征。
>>> X_test=test

#分别导入 tensorflow 与 skflow。
>>> import tensorflow as tf
>>> import skflow

#使用 skflow 中已经封装好的基于 tensorflow 搭建的线性分类器 TensorFlowLinearClas-
sifier 进行学习预测。
>>> classifier=skflow.TensorFlowLinearClassifier(n_classes=10, batch_size=
100, steps=1000, learning_rate=0.01)
>>> classifier.fit(X_train, y_train)
```
Step #1, avg. loss: 150.07220
Step #101, avg. loss: 21.13627
Step #201, avg. loss: 7.63181

---

① 部分参考自 https://github.com/tensorflow/skflow/blob/master/examples/mnist.py

```
Step #301, avg. loss: 6.42357
Step #401, avg. loss: 6.15198
Step #501, epoch #1, avg. loss: 4.97943
Step #601, epoch #1, avg. loss: 5.07608
Step #701, epoch #1, avg. loss: 5.24003
Step #801, epoch #1, avg. loss: 4.98451
Step #901, epoch #2, avg. loss: 4.63976
```

```python
>>> linear_y_predict=classifier.predict(X_test)

>>> linear_submission=pd.DataFrame({'ImageId':range(1, 28001), 'Label': linear_y_predict})
>>> linear_submission.to_csv('../Datasets/MNIST/linear_submission.csv', index=False)
```

#使用skflow中已经封装好的基于tensorflow搭建的全连接深度神经网络TensorFlowDNNClassifier进行学习预测。
```python
>>> classifier=skflow.TensorFlowDNNClassifier(hidden_units=[200, 50, 10], n_classes=10, steps=5000, learning_rate=0.01, batch_size=50)
>>> classifier.fit(X_train, y_train)
```
```
Step #1, avg. loss: 46.02682
Step #501, avg. loss: 1.89034
Step #1001, epoch #1, avg. loss: 0.90703
Step #1501, epoch #1, avg. loss: 0.60030
Step #2001, epoch #2, avg. loss: 0.37411
Step #2501, epoch #2, avg. loss: 0.28791
Step #3001, epoch #3, avg. loss: 0.21417
Step #3501, epoch #4, avg. loss: 0.20303
Step #4001, epoch #4, avg. loss: 0.15946
Step #4501, epoch #5, avg. loss: 0.14044
```

```python
>>> dnn_y_predict=classifier.predict(X_test)

>>> dnn_submission=pd.DataFrame({'ImageId':range(1, 28001), 'Label': dnn_y_predict})
>>> dnn_submission.to_csv('../Datasets/MNIST/dnn_submission.csv', index=False)
```

```python
#使用Tensorflow中的算子自行搭建更为复杂的卷积神经网络，并使用skflow的程序接口从
事MNIST数据的学习与预测。
>>> def max_pool_2x2(tensor_in):
>>>     return tf.nn.max_pool(tensor_in, ksize=[1, 2, 2, 1], strides=[1, 2, 2, 1], padding='SAME')

>>> def conv_model(X, y):
>>>     X=tf.reshape(X, [-1, 28, 28, 1])
>>>     with tf.variable_scope('conv_layer1'):
>>>         h_conv1=skflow.ops.conv2d(X, n_filters=32, filter_shape=[5, 5], bias=True, activation=tf.nn.relu)
>>>         h_pool1=max_pool_2x2(h_conv1)
>>>     with tf.variable_scope('conv_layer2'):
>>>         h_conv2=skflow.ops.conv2d(h_pool1, n_filters=64, filter_shape=[5, 5],                  bias=True, activation=tf.nn.relu)
>>>         h_pool2=max_pool_2x2(h_conv2)
>>>         h_pool2_flat=tf.reshape(h_pool2, [-1, 7 * 7 * 64])
>>>     h_fc1=skflow.ops.dnn(h_pool2_flat, [1024], activation=tf.nn.relu, keep_prob=0.5)
>>>     return skflow.models.logistic_regression(h_fc1, y)

>>> classifier=skflow.TensorFlowEstimator(model_fn=conv_model, n_classes=10, batch_size=100, steps=20000, learning_rate=0.001)
>>> classifier.fit(X_train, y_train)
Step #1, avg. loss: 123.86279
Step #2001, epoch #4, avg. loss: 5.31864
Step #4001, epoch #9, avg. loss: 0.25143
Step #6001, epoch #14, avg. loss: 0.09304
Step #8001, epoch #19, avg. loss: 0.03642
Step #10001, epoch #23, avg. loss: 0.01281
Step #12001, epoch #28, avg. loss: 0.00471
Step #14001, epoch #33, avg. loss: 0.00199
Step #16001, epoch #38, avg. loss: 0.00095
Step #18001, epoch #42, avg. loss: 0.00051

TensorFlowEstimator(batch_size=100, continue_training=False, early_stopping_
```

```
rounds=None, keep_checkpoint_every_n_hours=10000, learning_rate=0.001, max_to
_keep=5, model_fn=<function conv_model at 0x1082cdf50>, n_classes=10, num_
cores=4, optimizer='SGD', steps=20000, tf_master='', tf_random_seed=42,
verbose=1)

#这里务必请读者朋友在实战中注意,不要直接将所有测试样本交给模型进行预测。由于
#Tensorflow会同时对所有测试样本进行矩阵运算,一次对28000个测试图片进行计算会消耗
#大量的内存和计算资源。这里所采取的是逐批次地对样本进行预测,最后拼接全部预测结果
>>> conv_y_predict=[]
>>> import numpy as np
>>> for i in np.arange(100, 28001, 100):
>>>     conv_y_predict=np.append(conv_y_predict, classifier.predict(X_test[i-100:i]))
>>> conv_submission=pd.DataFrame({'ImageId':range(1, 28001), 'Label': np.int32(conv_y_predict)})
>>> conv_submission.to_csv('../Datasets/MNIST/conv_submission.csv', index=False)
```

- **提交结果**:最后,按照代码79所期待的输出,我们得到3个用于提交预测结果的文件,它们分别是:linear_submission.csv、dnn_submission.csv以及conv_submission.csv。并且如图4-12所示,Kaggle竞赛平台的自动测评系统给出了上述3个提交文件的最终性能表现。其中卷积神经网络(CNN)模型取得了最佳的预测性能,具体原因请读者参考纽约大学教授Yann LeCun的论文[20]以及他所发布的MNIST研究网站:http://yann.lecun.com/exdb/mnist/。

Submission	Files	Public Score	Selected?
Mon, 15 Feb 2016 02:56:08 Edit description	conv_submission.csv	0.97857	☐
Mon, 15 Feb 2016 02:55:11 Edit description	dnn_submission.csv	0.95000	☐
Mon, 15 Feb 2016 02:54:37 Edit description	linear_submission.csv	0.86100	☐

图4-12 MNIST手写体数字图片识别竞赛的提交结果

4.5 章末小结

本章为各位读者提供了一个非常出色的实践平台 Kaggle,并且示范了如何在这个平台上进行机器学习的实战演练。一般而言,对于像 Kaggle 这样的在线数据分析竞赛平台,都遵照下载数据、搭建模型和提交结果三个步骤。并且多数情况下,并不要求参赛者在其指定的平台上运行源代码。因此就使得参赛的兴趣爱好者可以更加灵活地搭建预测模型,既可以自行编程,也可以使用大量开源的工具包。

考虑到不同的数据形式,在本章为读者挑选了三个在 Kaggle 平台上的竞赛任务,分别是基于结构化数据、无结构文本以及图像的分析和预测问题。同时,综合使用了许多在本书中提到的经典以及最新的机器学习模型、数据处理技巧和性能提升方法。期待各位可以从中获益。

最后,祝大家在 Kaggle 上实战愉快,同时也可以发送电邮与作者讨论实战经验。本章所有数据与代码示例都可以通过此链接 http://pan.baidu.com/s/1dENAUTr 以及 http://pan.baidu.com/s/1nvitu8T 下载。

后 记

2015年12月的一天夜里，我在纽约的家中收到清华大学李超老师的一则微信。她说她本人非常欣赏我在网络上发表的数个有关如何使用 Python 快速搭建机器学习系统和在 Kaggle 竞赛平台上实战的帖子，并且希望我整理出一本书出版。

开始我还很诧异，因为我在网上发表的所有帖子都是日常学习工作的经验之谈，随性之作；没有太多的逻辑可言，更别说出版书籍了。当时发表那些帖子的初衷，只是不希望很多机器学习爱好者重蹈我在实践中的错误，也希望可以帮助更多的同学快速上手并且体验实战中乐趣。

但是，当我接下整理这部书稿的任务之后，忽然感觉自己身上的担子重了很多。特别是在得知这本书很有可能被选为通用教材之后，立刻发现之前所有我发布在互联网上的帖子几乎都不可用。原因是，作为一部教材就更要设身处地为读者着想，尤其是这本教材的目标受众不仅仅是计算机专业人士，更有非计算机专业的爱好者和初入此道的本科生。所以，我几乎重新编制了整部书的提纲，参考网上的帖子重写了第2章和第3章，并且考虑到不同层次读者的需求，增加了第1章节的 Python 编程基础和第4章 Kaggle 竞赛实战等相关内容。

尽管时间仓促，作者也力求全书条理清晰、深入浅出；但也有因能力所限、力所不逮之处，还望各位朋友批评指正，及时勘误；也欢迎大家发邮件到 fanmiao.cslt.thu@gmail.com 参与讨论。

最后，感谢您购阅《Python 机器学习及实践》，并借由作者本人时常所引用斯蒂夫·乔布斯的一句名言，作为本书的收尾：求知若饥、虚心若愚(Stay Hungry, Stay Foolish)，希望在今后的人生道路上能与读者朋友们共勉。

写于中国北京清华园
2016年5月1日

参考文献

[1] Turing, Alan M. *Computing machinery and intelligence*. Mind (1950): 433-460.

[2] Mitchell, Tom M. *Machine learning*. 1997. Burr Ridge, IL: McGraw Hill 45 (1997).

[3] Mark Lutz, *Learning Python*, Fifth Edition, O'Reilly Media.

[4] 肖建,林海波. Python 编程基础. 北京: 清华大学出版社, 2003.

[5] Raul Garreta, Guillermo Moncecchi. *Learning scikit-learn: Machine Learning in Python*. Packt publishing.

[6] Pedregosa, F., Varoquaux, G., Gramfort, A., Michel, V., Thirion, B., Grisel, O., Blondel, M., Prettenhofer, P., Weiss, R., Dubourg, V. and Vanderplas, J.. *Scikit-learn: Machine learning in Python*. The Journal of Machine Learning Research, 12, pp. 2825-2830(2011).

[7] Fisher, R. A. *The use of multiple measurements in taxonomic problems* Annual Eugenics, 7, Part Ⅱ, 179-188 (1936); also in *Contributions to Mathematical Statistics* (John Wiley, NY, 1950).

[8] Gavin Hackeling. *Mastering Machine Learning with scikit-learn*. 2014 Packt Publishing.

[9] Bird, Steven, Edward Loper and Ewan Klein (2009), Natural Language Processing with Python. O'Reilly Media Inc.

[10] Silver, David, Aja Huang, Chris J. Maddison, Arthur Guez, Laurent Sifre, George van den Driessche, Julian Schrittwieser et al. *Mastering the game of Go with deep neural networks and tree search*. Nature 529, no. 7587 (2016): 484-489.

[11] Wirth, Niklaus. Algorithms+data structures=programs. Prentice Hall PTR, 1978.

[12] Chen, Tianqi, and Carlos Guestrin. *XGBoost: Reliable Large-scale Tree Boosting System*.

[13] Bengio, Yoshua, Holger Schwenk, Jean-Sébastien Senécal, Fréderic Morin, and Jean-Luc Gauvain. *Neural probabilistic language models*. In Innovations in Machine Learning, pp. 137-186. Springer Berlin Heidelberg, 2006.

[14] Tomas Mikolov, Kai Chen, Greg Corrado, and Jeffrey Dean. *Efficient Estimation of Word Representations in Vector Space*. In Proceedings of Workshop at ICLR, 2013.

[15] Dean, Jeffrey, and Sanjay Ghemawat. *MapReduce: simplified data processing on large clusters*. Communications of the ACM 51, no. 1 (2008): 107-113.

[16] Rosenblatt, Frank. *The perceptron: a probabilistic model for information storage and organization in the brain*. Psychological review 65.6 (1958): 386.

[17] Marvin Minsky, Seymour A. Papert, *Perceptrons*, MIT express (1987) https://mitpress.mit.

edu/books/perceptrons.

[18] Rumelhart, David E., Geoffrey E. Hinton, and Ronald J. Williams. *Learning internal representations by error propagation*. No. ICS-8506. CALIFORNIA UNIV SAN DIEGO LA JOLLA INST FOR COGNITIVE SCIENCE, 1985.

[19] Williams, DE Rumelhart GE Hinton RJ, and G. E. Hinton. *Learning representations by back-propagating errors*. Nature 323 (1986): 533-536.

[20] LeCun, Yann, Léon Bottou, Yoshua Bengio, and Patrick Haffner. *Gradient-based learning applied to document recognition*. Proceedings of the IEEE 86, no. 11 (1998): 2278-2324.

[21] Michael Nielsen. *Neural Networks and Deep Learning*. Free Online Book: http://neuralnetworksanddeeplearning.com/index.html